U0295777

THE SUN
AND HOW TO OBSERVE IT

观测太阳

Jamey L. Jenkins

〔美国〕杰米·L.詹金斯 著

马晓骁 译

上海三联书店

序　言

　　如果一位天文爱好者在四十多年前翻阅当地图书馆的书库，很有可能无意中会碰见一本威廉·巴克斯特（William Baxter）所写的书《太阳与业余天文学家》（*The Sun and the Amateur Astronomer*）。这位英国作家的文字让对太阳感兴趣的天文爱好者了解了太阳观测技术的方法和原理。巴克斯特仔细地向天文爱好者描绘了如何在仅用一台普通的望远镜、一本速写本和一台胶片相机的情况下，从容不迫地记录太阳活动。多年以来，包括我在内的许多爱好者在追求太阳天文学的兴趣时，都发现巴克斯特的作品非常有价值，因为这是同类书籍中第一本为业余太阳研究而写的。

　　那时的业余观测者很难想象当今天文的盛景。天文观测历经了一次彻底的变革！在巴克斯特所处的时代，笔和纸在大部分时候对于观测的记录来说是至关重要的，而如今这些已屈为做笔记之用。电子传感器取代了胶片，先进的视频技术又最大限度地满足了一些人试图在照片中记录最精微的太阳细节的需求。

对于早期的观测者来说，另一个惊喜可能是有了专门用于太阳观测的商业望远镜。因为在过去，单色观测是通过利用太阳光谱中的一小段来完成的，然而只有那些能够制作复杂、精巧的观测仪器的工匠才能进行单色观测。分光镜和单色仪这类仪器都很昂贵，而且往往超出了一般望远镜制造商的制造水平。从那时起，太阳望远镜以及用于观测 H-alpha 谱线和 Ca-K 谱线滤光片的出现，唤醒了新一代观测者对于白昼天文学的兴趣。如今的天文爱好者利用现成的太阳望远镜，搭配廉价的摄像头，就能制作出太阳色球层活动的延时影像，而这一切在以前只属于在高海拔太阳观测站的专业天文学家的领域，业余观测者从来没有这样的机会。对于太阳天文爱好者来说，当下确实是一个激动人心的时代。

通过这本书，我们希望能够传递许许多多观测者在将望远镜指向太阳时所体验的兴奋感。如果你是太阳天文学的新手，你可以从此书中了解到如何安全地观测与探索太阳；如果你是老手，则可以从中发现旧技术的新改变，从而以不同的方式去观测太阳。

作为观星的一个变体，太阳观测不同于夜天文，它提供了一个替代方案，让你不用在漆黑的深夜中，用冰冷的手指在露水浸润的草丛中去摸索，寻找你刚刚掉落的昂贵目镜。太阳上发生的所有事件都是独一无二的，并且永远不会被完全复刻。这也是一个人被太阳天文学吸引的主要原因，也是每一次观测都有科学价值的原因。无论你是关注太阳黑子群的生长和衰变，留意太阳耀斑的快速出现，还是追随太阳边缘爆发的日珥喷射，有一个事实是肯定的：太阳总是呈现出独特的面貌，每天都是如此。

了解太阳是什么，它是如何运行的，以及它与我们世界的关联，这对于我们认识太阳和它不断变化的面貌来说，是非常有价值的。太阳是一颗恒星，是一个发光的高温气态球体，也是银河系众多恒星之一。太阳内部存在着巨大压力，造就了一个与众不同的环境，我们无法在地球上去体验这样的环境。太阳核心深处所释放的核威力，深刻影响着我们的地球和太阳系中的其他行星。本书的第一部分将对这些话题进行概述。我们首先将目光放在太阳和其他恒星之间的异同之处上，之后再探讨太阳是如何诞生的，从它的核心产生的能量又是怎样一步步到我们地球上的。一旦打下了这些知识基础，我们会进一步讨论作为20世纪的天文爱好者该如何观测太阳。我们将一起探索太阳在白光和单色光下可以观察到的一系列的特征，以及可以用来安全观测这些特征的仪器。在本书的后半部分，我们会回顾一些现代技术，你可以用这些技术向世界展示和分享你的太阳观测结果，这本身可以是一种爱好中的爱好。

没有经验的人要特别小心！千万不要直冲到日光下，然后把望远镜对准天空。除非遵守一定的安全准则，否则太阳观测会是一项非常危险的活动，这一理念会贯穿全书，反复提醒你。观测者必须时刻提防着太阳所释放出的大量的热、光和辐射。幸运的是，地球的大气层和磁场对大部分的辐射起到了屏蔽作用。对于地球上的天文学家来说，日常的危险则来自太阳的亮度、红外线和紫外线。天文学家必须过滤掉这些不可见波长的光，并将光强降低至可接受的水平之后，才能安全地进行目视光学研究。如果没有这些必要的预防措施，可能会导致观测者失明。当然，这一话题会在下面的章节中进行更详细地讨论。不管怎样，任何太阳观测者无视安全规程的粗心行为，作者和出版商都无法对此负责。总之，关于观测太阳的经验法则就是：要始终以安全为重。做到这点，你就能在属于自己的空间里，长久欣赏这自然界中最壮观的景象之一。

目 录

/

第一章

/

太阳的前世今生

1.1 | 百万分之一的奇迹

年轻的时候，我常常每晚沿着一条小路散步，这条小路离我家很远，通往一片草地。在许多个这样漆黑的夏夜里，我会仰望星空，那是一片属于星星们的天堂，它们悄然无声却又闪烁夺目，像极了深色天鹅绒布上散落的珠宝。有时我也会看到，在仙后座附近的东北方向升起了一张淡淡的漫天光网，一直延伸到南边的地平线上。此时，用一副小型双筒望远镜去探索这张光网，你会发现它是由无数颗恒星构成的。但肉眼看去，这片暗淡的光网只是螺旋星系的旋臂，这条旋臂蜿蜒绵延至人马座的中心。实际上，在那条乡间小路上，我肉眼所看见的每一颗星星都是这个星系家族的成员，而夜空似乎在对你说："欢迎来到银河系。"

银河系是我们所处的星系，太阳（古称 Sol）则是这个星系中一颗典型的恒星，而我们的地球又绕着太阳运行。仅在数百年前，人们还认为地球是宇宙的中心，宇宙中所有的天体都围绕地球旋转。但为什么我们肉眼直观的感受却不是如此呢？如今，我们知道了答案——地球只是数百万大大小小天体中的一个，这些天体都围绕着太阳旋转。此外，围绕太阳运转的所有气体、液体、尘埃、冰块和岩石等物质所组成的集合体，我们称其为太阳系，它围绕着银河系的中心"银核"旋转。

天文学家的仔细观测表明，太阳位于银河系外缘的三分之一处，距离银河系中心约 25,000 光年（一光年约为 9.46×10^{12} 千米），而银河系的直径约 80,000 光年。如果太阳以每秒 230 千米的速度在太空中穿梭，那么它需要花费近 2 亿年的时间才能绕银河系一圈。科学家们还发现，除了太阳之外，银河系还包含了数以亿计的其他恒星，它们彼此相似却又有所不同。在过去的五百年中，我们的以地球为中心的宇宙观发生了巨大的改变！

1.2 ┃ 太阳究竟是什么？

太阳是一颗典型的恒星，其核心通过核反应释放出能量，使之成为一个巨大的气态球体。由于恒星之间相距很远，它们在望远镜中看起来都很相似，但实际上它们千差万别，各有特点。包括太阳在内的所有恒星在颜色、温度和亮度上都不同，更不用说质量、成分以及年龄了。

尽管太阳的直径为 130 万千米，并且在我们的天空中占据了相当大的一个角度（平均下来有 32 角分），而其他恒星在天空中看起来却只是一个个光点。然而，事实上，一些恒星与太阳相比，就是不折不扣的"巨人"。以天蝎座的心星（亦称心宿二）为例，这是一颗红超巨星，距离太阳系约 520 光年，直径是太阳的 230 倍。尽管它有着比太阳大得多的体积，但透过望远镜，它看上去仍旧只是一个小点而已。

日地之间的平均距离为 1.5 亿千米，在 12 月时距离更近，在 6 月时又更远。这表明地球的轨道并不是圆形的，而是椭圆形。太阳与比邻星（距地球第二近的恒星）之间的距离为 4.2 光年，与天狼星（夜空中最亮的星）之间的距离则是 8.6 光年。这样的例子能很好地帮助我们直观地感受这些天体之间的距离：想象一下在日地系中，地球是一粒小小的鹅卵石，太阳则是一块大理石，两者间的距离只有一米。在此情形下，比邻星与我们的距离将超过 265 千米！如你所见，正是因为太阳近在咫尺，而其他恒星又离太阳很远，太阳才是独一无二的。

太阳与其他恒星的另一个不同之处是亮度。我们把定义天体亮度的系统称作星等。在星等这个单位中，天体的星等值越大，这个天体则越暗；星等值越小则天体越亮。星等在数值上每相差1，实际亮度就会相差约 2.512 倍。换言之，一颗星等值为 2 等的星看起来要比一颗 7 等的星亮约 100（1×2.512^5）倍。

关于星等，又有两种基本的分类，分别是绝对星等和视星等。绝对星等是假定把天体放在距地球 32.6 光年的地方测得的恒星亮度，它反映了天体的真实亮度。视星等是我们肉眼所看到的亮度，不考虑天体与地球间的距离。通常我们提到一个天体的星等，如无特别说明，都是指视星等，它衡量了这个天体从我们地球上看起来有多亮。太阳是我们天空中最亮的天体，它的视星等为 –26.8。满月的视星等为 –12.7，天狼星为 –1.4，北极星则为 +2.1。

一般来说，在不借助光学设备的情况下，约 6 等的恒星是我们观测者肉眼可以看到的亮度最微弱的天体。在哈勃望远镜的超深空探测中，发现的最暗的天体为 31 等，这些恒星看起来也确实非常暗。

由于恒星的颜色与它的表面温度直接相关，恒星的温度从相对较冷到极热变化时，可以在夜空中看到淡淡的星光虹彩，这种温度与颜色之间的关系被称为维恩定律。维恩定律指出，黑体的主要发射波长（其颜色所对应的波长）与黑体温度的乘积原则上为一个特定的常数。黑体不会反射光，但会吸收并再发出辐射，恒星就是这样的黑体。恒星光谱中的峰值流量决定了它的主要发射波长，而主要发射波长又决定了这颗恒星的颜色，并且根据之前提到的维恩定律，主要发射波长是定律中的一个因子，我们又进一步能得到这颗恒星的表面温度。如果我们联想一下放在壁炉火中的火钳，这一连串的推导就很容易理解了——火钳因为达到了特定的温度所以变成了发红的颜色（被称为"红热"）；同样的道理，具有特定温度的恒星也会呈现出与其温度对应的特定颜色。

太阳呈黄白色，与天鹰座的牵牛星颜色近似，而与猎户座中参宿五的蓝色，以及金牛座中毕宿五的橙色形成鲜明对比。呈蓝色的恒星，比如之前提及的参宿五，其表面温度为20,000~35,000开尔文（水沸腾时的温度约为373开尔文）。毕宿五则有着更低的表面温度，约为4000开尔文。太阳则有近5800开尔文的表面温度。

毫无疑问，太阳是我们太阳系中的主宰。太阳为我们提供了赖以生存的温暖、光明，以及孕育生命的一切必要条件。但我们同样也要知道，太阳在众多恒星之中也有一席之地。太阳是一颗典型的恒星，同时由于我们所处的位置理想，我们有幸可以在绝佳的位置上见证宇宙中所有其他恒星上发生的现象。地球这个靠近太阳的有利位置，有助于我们思考并理解太阳和其他恒星之间的差异（表1.1）。

表 1.1　太阳的物理构成的实际情况

直径（千米）: 1, 391, 980(地球直径的109倍)

质量（千克）: 1, 989, 100x10^{24}(地球质量的333, 000倍)

体积（立方千米）: 1, 412, 000x10^{12}(地球体积的1, 304, 000倍)

视星等: −26.74

绝对星等: +4.83

光谱型: G2V

日地距离（千米）:　　最小147, 100, 000

　　　　　　　　　　平均149, 600, 000

　　　　　　　　　　最大152, 100, 000

视直径（角分）:　　　最小31.4

　　　　　　　　　　在1天文单位处31.9

　　　　　　　　　　最大32.5

中心压强（巴）: 2.477x10^{11}

中心温度（开尔文）: 1.571x10^{7}

中心密度（千克/立方米）: 1.622x10^{5}

中心成分: 35%H,63%He,2%C,N,O,······

光球压强（顶部）（兆巴）: 0.868

光球温度（顶部）（开尔文）: 4400

光球有效温度（开尔文）: 5778

光球温度（底部）（开尔文）: 6600

光球成分: 70%H,28%He,2%C,N,O,······

恒星自转周期（天）: 25.38

会合自转周期（天）: 27.27

年龄(年): 4.57x10^{9}

数据由美国国家航空航天局（NASA）提供

1.3 太阳的起源

我们认为，太阳和太阳系起源于一个巨大的气体尘埃云，称为太阳星云。据推测，这个星云的质量是太阳质量的两到三倍，其直径至少是日地距离的 100 倍。太阳星云由许多元素组成，包括氢、氦、碳、氮、氧、氖、镁、硅、硫和铁。虽然也存在镍、钙、氩、铝和钠这些元素，但它们的数量都不多。除此以外，还发现了包括金在内的其他几种微量元素。

自宇宙"大爆炸"开始，氢和氦就一直是宇宙中占比最多的元素，几乎占据了宇宙总质量的 98%。太阳星云中的其他元素则来源于第一批恒星，这批恒星通过一系列的核过程，或者以一种被称作超新星的毁灭性方式来结束自身，从而产生出太阳星云中的其他元素。

在太阳星云中发现的尘埃粒子，很有可能覆裹上了一层"冰"，这种"冰"是由一些元素在当时的低温下凝结而成的。引力会拽着这些尘埃状的冰粒朝着太阳星云的中心运动。随着时间的推移和这些粒子的聚集，在太阳星云中心区域内，由引力引起的密度和压力将会逐步增大。在这个所谓的原太阳内部，会变得十分拥挤，原子之间几乎没有任何间隙，进而导致它们相互排斥，产生热能或热量。这一个把引力势能转变成热能的过程，被称作亥姆霍兹收缩。同时，角动量或者星云的旋转必须以某种方式出现，不然所有的物质将会被引力牵引到中心，行星也就无法形成了。星云的旋转可能是一种自然特征，也有可能是其附近超新星爆炸所产生的冲击波带来的结果。

最终，太阳星云内的气体和粒子收缩所产生的压力和温度将达到一个点，新生的原太阳自此"发迹"并开始发光。

尽管引力是早期太阳的初始动力，但亥姆霍兹收缩过程所产生的能量并不能将一颗恒星维持下去。一定有其他不同的过程在起作用，为我们的太阳提供燃料。那是什么样的过程呢？这个问题的答案源自 1905 年爱因斯坦的相对论。相对论指出，能量和质量是可以互换的。方程 $E=mc^2$ 告诉我们，能量（E）等价于一个物体的质量（m）乘以光速（c）的平方。简而言之，些微的质量就可以转化为巨大的能量！这对于我们理解太阳是如何燃烧又意味着什么呢？物理学家此后提出，在太阳那般合适的温度和压力条件下，氢原子可以聚合在一起从而形成氦，形成过程中太阳损失的一部分质量以能量的形式释放出来，为太阳提供燃料。这就是太阳持续燃烧的原因。

1.4 太阳的发光原理

包括太阳在内的所有恒星，都是由它们核心深处的核反应在供能。太阳核心的压力和温度是如此之高，以至于四个氢原子可以直接合成一个氦原子核。据估计，太阳核心中的压力是地球海平面气压的近 3400 亿倍。如此巨大的压力下，太阳核心的温度将超过 1500 万开尔文。

太阳核心内气体的密度是铅的许多倍，如此极端的条件下，电子从原子中剥离出来。这一从原子中分离出电子的过程叫作电离，缺少一个或多个电子的原子则叫作离子。太阳核心内的原子是完全电离的，电离状态下的气体被称为等离子体。等离子体是一种由离子和电子为主要成分的物质形态，同时会与磁场发生剧烈的作用。质量小于或等于太阳的恒星会经历一个由氢转化为氦的过程，也就是"质子—质子循环"（pp 循环）。而质量大于太阳的恒星也会从氢转化为氦，但这些恒星却是通过"碳氮氧循环"（CNO 循环）的过程来实现转化的。

pp 循环导致的结果就是，太阳里每秒钟都会有数百万吨的氢再生为氦。随着时间的推移，太阳会变得越来越轻，并耗尽已经为它提供了十亿年燃料的氢。终有一天，在氢耗尽之后，太阳的外层将会被吹走，形成所谓的行星状星云。可悲的是，我们的星球也会如一缕轻烟般随之而去，不复存在；太阳最终也会成为一颗白矮星，变得无足轻重。不过，这一刻离我们太遥远，我们目前无须担心。预估还有 50 亿年的氢可供太阳燃烧，而氢到氦的核聚变过程已经持续了近 46 亿年。

1.5 太阳能量

　　太阳核心内的热核聚变是太阳能量的来源。虽然太阳释放出了巨大的能量，但它却并没有像原子弹那样爆炸。由于平衡过程的存在，太阳保持在一个相对稳定的状态。气体压缩产生向外的压力，这一压力阻止了太阳外层受引力影响向核心坍塌的趋势，而这种压力平衡称为流体静力平衡。同样，氢向氦不间断地转化也是以一个均匀的速率进行的，氢的燃烧没有过快、来回起止的现象，这种持续的燃料输入和能量输出的过程叫作热平衡。如果没有这两个平衡过程，我们熟知的太阳将不复存在。

　　但是，能量是如何从太阳内部的核心传送到光球层以及更外层的其他区域的呢？首先，我们必须认识到太阳是一个由若干区域或者层组成的天体。想象一下一个棒球的结构，看看它的横截面，其中心是一个较小的硬橡胶芯；橡胶芯外缠绕着像是绳线的材质，它们紧紧地编织在一起，一圈一圈使球的直径变大，周长变长；等到合适的周长后，再在最外面缝上一层球皮。太阳也是像棒球一样分层构造的，我们发现由内向外分别是核心、辐射层和对流层。在紧靠对流层的正上方，我们又发现了光球层。光球层是太阳大气的第一层，我们看到的光便是从这一层中发射出来的。

辐射层

　　从核心的正上方开始向外推进，一直延伸至太阳半径的约

70% 处，这部分的区域就是辐射层。这层底部的温度有近 800 万开尔文，密度是铅的几倍。伽马射线是太阳核心在核聚变过程中释放的一种能量形式，此时光子也以射线的形式释放。当光子从核心流入辐射层时，辐射层的气体会吸收这些光子并重新以射线的方式辐射出去。光子的一般趋势是离开热的内部，向着外部相对较冷的光球层而去。然而，太阳内部非常拥挤，高能伽马射线光子会四处碰壁，不停地被吸收，又不停地被重新发射，甚至有时会走回中心。这些光子需要花上十万年或者更多的时间，去寻找通过辐射层的道路，而后继续向外层挺进。

对流层

在辐射层之上、光球层之下，有一个深 21 万千米的区域，我们称这块区域为对流层。在对流层中，能量通过等离子体这个通道从辐射层的深处传输到上层，也就是光球层。随着热气体上升，它们会逐渐冷却并回落到太阳的内部，这就是对流。在描述太阳对流时，常常会拿一锅煮沸冒泡的燕麦片作类比，在锅底产生的热量聚集在燕麦片的一小块区域里，这块受热的区域上升到燕麦片的表面，转移能量的同时产生"气泡"。在光球层上可以看到与其类似的效果，在太阳核心内产生的光子通过辐射层后，产生了对流胞，使得光子继续上升到太阳的表面。在太阳上，每个直径 1000 千米的对流胞被称为米粒，它们以每小时近 1500 千米的速度到达对流层的顶部，在光球层中释放能量，当气体沿着米粒的外壁流回太阳的内部时，米粒就会冷却。这些较暗较冷的外壁使得每个米粒都有着独特的内核形状。

米粒覆盖了太阳整个的可见表面，任意时刻都有几百万个米粒存在。一个米粒的一生如流星般熠熠生辉却转瞬即逝，每个米粒只能维持 5~10 分钟，很快就会被从对流层深处出现的下一个气泡所替代。

等离子体在对流层中还有另外一种运动，且已经证实是从太阳的赤道地区向着极区发生的。这一运动方式叫作子午流。子午流运动随着太阳周期进行，也是太阳黑子群向赤道方向迁移的可能原因。太阳周期是太阳活动的周期，长约 11 年。随着时间的推移，太阳黑子和耀斑作为太阳活动的标志，数量增加直至顶峰，随后太阳活动开始减弱。子午流导致等离子体平缓运动，会产生一个回流或是循环，等离子体会从太阳赤道运动到太阳两极附近的某个点。之后在太阳极区，等离子体向对流层的底部旋进，然后又重新开始缓慢地折回赤道。

太阳黑子从较高的太阳纬度向赤道迁移与某个看法紧密相关，这个看法是太阳黑子群会被磁场锚定在对流层较低的区域中。据推测，随着太阳周期的推进，子午流的活动放缓是太阳黑子浮出赤道地区的一个因素。

光球层

光球层（我们看见的球面区域）是太阳大气层最开始的一层，也是我们肉眼看到的太阳的最低层。在光球层之下，气体是不透明的，因而我们无法透过光球层观察到该层以下的气体。但是，对于一些观察仔细的人，他们能够看到米粒组织、太阳黑子以及靠近日面边缘被称为光斑的纤维状细小物质。光球层的活动会跟随 11 年的太阳周期而上下起伏。光球层类似于前文用来类比太阳结构的棒球上的覆盖物，当谈及太阳表面时，就是指的这一层。然而，实际上太阳没有真正的"表面"，所谓的表面是层气体，但由于这部分区域发射出了大部分我们所看到的光，所以看起来像是表面。光球层大约有 500 千米厚，其下层边界的温度约为 6600 开尔文，而上层则降至 4400 开尔文，并且压力小于 1 毫巴（等于 100 帕）。

　　光子从内部区域到达光球层释放出来，然后射向太空。如果我们对眼睛不加以充分的保护，这些从太阳照射出来的光子，它们绚烂景象的背后将充满危险。想一想，我们如今所看到的光，它们竟然是在几千年前从太阳核心开始的旅程，历经好几个太阳外层，才最终到达我们的眼眸之中，真是令人叹为观止。

1.6 太阳磁场

在太阳表面以下，来自气体压力的原子力占主导地位，但在光球层及其外层，磁力则是绝对的统治力量。太阳的磁场是太阳内部旋转和对流运动的结果。日震学家，也就是研究源自太阳内的低频声波的天文学家，告诉我们，辐射层和核心的旋转就像一个固体一样，有着一个约 27 天的周期。而在对流层及其上层又有所不同，它们在赤道附近的旋转速度约为 25 天；在极区附近，它们像是由液体组成的，其旋转速度约为 36 天。

20 世纪，天文学家贺拉斯·巴布科克（Horace Babcock）创建了一个理论，能够解释光球层内太阳黑子的出现。依据巴布科克的说法，太阳的磁场受到太阳内部等离子体流动的影响。旋转性质像固体的辐射层和流体状对流层之间的剪切，同样也贡献了磁场的形成，而这两层之间的区域被称作"差旋层"[①]。

等离子体运动的本质是产生一个磁场。太阳的磁场线与自转轴平行，从一个极点到另一个极点，呈南北方向。对流层中的较差自转使得磁场一圈一圈地包裹着太阳，类似于棒球模型中用绳线包裹着棒球的核心，这种拉伸或包裹的发生是因为带电的等离子体粒子会拖拽着磁力线。

对流同样起了作用，它将能量从辐射层转移到了光球层，是一个垂直方向上冒泡似的运动。这样的等离子体垂直运动会导致场线的缠绕，缠结在一起的场线又增加了磁场的强度，同时在运

---

① 两层的旋转速度不一致，存在差异，因而叫差旋层。——本书注释，除特别说明，均为译者注

动的路径上形成了扭折。悬在对流层上的一股或扭结起来的磁场被称为磁流管。较小的流管会在太阳表面的明亮点上弹出，这样的流管叫作网斑或光球细链，直径约为 150 千米；更大一些的流管则是黑暗的，并且会产生微黑子和黑子。

当一个磁流管的强度达到足以使它上升至表面并冲破表面，并在光球层留下磁印记时，该流管就被称作活动区。就像马蹄形磁铁有南北极一样，活动区也有一个南北极。磁场投射在光球层之上，形成一个拱形，拱形两端对应两个极性，从正到负。所有活动区内前导和后随的磁极都是一致的，取决于哪个半球包含这片活动区；如果在相反的半球，主次磁极便会颠倒。有一个尚未完全明了的过程，这些磁场会随着太阳黑子活动的 11 年周期同步转换极性。因此，两个完整的太阳活动周构成了一个磁周，周期为 22 年左右。

太阳黑子有着深浅不一的暗影区，由于对流活动到光球层就受抑制了，因而黑子出现在光球层的磁场中。通过对流运动，仅有少量的能量能到达活动区，该区域比周围环境温度更低，从而看上去比周围更暗，在表面呈现出一个"污点"。尽管黑子貌似很暗，但如果认为它们温度不高，则是一个错误的印象，因为即使是最暗的太阳黑子，如果在太空上单独观察它，它也会如同满月一般明亮。

1.7 色球层和日冕层

在光球层之上的是色球层，其厚度约为 2000 千米，温度通常在 10,000 开尔文。色球层的气体稀薄，或者说色球层气体的密度要比下层的低，但由于光球层压倒性的强度优势，因此我们一般很难看到色球层。色球层呈现红粉色是因为它较强的发射波长，为 656.3 微米，该波长是太阳光谱中 H-alpha 线的波长。天文学家利用一些特殊仪器，只让特定波长的光通过，从而能够研究色球层内部的特征。

色球层的活动有多种形式。其中一个大规模的特征是色球网络，这是一个网状模式，覆盖在光球层中可见的超米粒组织的模式之上。该网络由小块状区域组成，直径只有几角秒。如果用钙线去观察这个小块状区域，它会显得很明亮；而如果在 H-alpha 线的视角下，这个网络中又会出现名为日芒的暗黑突起。当日芒长于几个角秒的弧度时，它们又被称为小纤维。

针状物（或针状体）在太阳边缘很容易看到，它呈现出一种很鲜明的发射特征，就像是从燃烧的太阳中迸射出来的微小气体喷流。它们在日盘上显现出暗色，并有着好几种形状，比如"刷子状"或"链状"。针状物的平均高度有 7500 千米，宽度约为 800 千米。

由于热气体电离，它紧紧附着在太阳的强磁场上，追随着磁场存在的位置和回路。这使得我们能够看到磁场的形状，尤其当它在日面边缘较暗的背景下时，磁场的轮廓格外清楚。

日珥是日面边缘上方可见的云状或流状的气体隆起。在日面的映衬下，日珥很暗，因而叫作暗条。虽然日珥的形状和大小各不相同，但它们往往有着两个基本的分类，即活动型和宁静型。活动日珥有着较短的寿命，并且有许多子类名称，比如冲浪日珥、喷射日珥和环状日珥。这些日珥都是剧烈的太阳活动现象，甚至它们有时会喷射到日冕层或更远的地方才结束。宁静日珥持续的时间更长，它们有时会以土丘或者小山包的形式出现在太阳临边。它们是静态的，因此它们的外观变化缓慢。日珥借助太阳磁场悬浮在光球层之上。实际上，宁静日珥的长度可达到几千到几十万千米，宽度和高度则可达一万千米及以上，而温度约为10,000开尔文。

色球层上另一个让人好奇的太阳活动便是耀斑。耀斑被认为是由太阳黑子群的磁场中所释放的压力造成的。耀斑有时会表现为一个现有谱斑（色球层明亮的零散区域）的突然增亮。耀斑变亮的速度在开始阶段会相当快，从几分钟到一小时不等便会达到亮度峰值，在这之后，耀斑的强度会逐步下降。耀斑输出的能量可谓是真正的天文数字。对于一个大型耀斑来说，它产生的能量相当于太阳几秒钟的总能量输出，这是一件再正常不过的事。把这么巨大的能量放在一个不到太阳表面积百分之一的地方，其景象尤为壮观。

众所周知，太阳耀斑除了致命的辐射之外，还会从太阳中喷射出物质粒子。在几小时到几天内，这些粒子就可以到达地球，破坏地球上的通信、电网设备或者损坏航天器。这就是科学家们必须24小时持续不断地跟踪太阳耀斑活动的原因。

在太阳上，偶尔也会发生叫作日冕物质抛射的事件。日冕物质抛射是将日冕的一部分物质和粒子排出到行星际空间的太阳活动，这种活动会让太阳丢失几十亿吨的物质，而这些物质会以接近每秒 400 千米的速度移动。太阳耀斑似乎可以触发一些日冕物质抛射，而其他的一些日冕物质抛射则并没有耀斑的伴随。被抛出的粒子由太阳风带到我们附近的空间，它们既能造成破坏，也能在我们地球的极地地区形成悦目的极光。

从色球层进一步往外延伸，气体会变得特别稀薄。在色球层和日冕层之间有一个薄薄的区域，叫作过渡区，自此向外，温度开始显著上升。在日冕层内部，距离光球层几百万千米的地方，温度会超过 50 万开尔文，有时甚至可能会超过 200 万开尔文。然而，日冕层中的加热机制尚不明确，这仍然是研究太阳的天文学家待解决的大问题之一。

与光球相比，日冕的光线极其微弱，以至于我们只有在日全食时才能看到，或者通过使用一个叫日冕仪的特殊仪器，人为地制造出日食现象来对日冕进行观测。飞越地球大气层之外的航天器在研究日冕方面有一个特别的优势，对于阻碍地面观测者的一些条件，比如大气层中的尘埃、水汽对光的散射和折射，这些在太空中都不会存在，对日冕的观测很有利。

日冕的形状会随着太阳黑子周期的强度而变化。在太阳黑子强度最小的时候，能够全面地观察日冕，并且能看到它围绕太阳圆面延伸。而在太阳黑子强度最大的时候，日冕则会被限制在赤道或者太阳黑子区域，有这种限制的主要原因是太阳周期中磁活动的增加。

随着日冕越来越远离太阳，它最终会与同样逃离出太阳的带电粒子流融为一体，形成太阳风。彗星就是太阳风的最佳证明。当一颗彗星接近太阳系内部时，其内部的物质会被太阳的热量搅动并形成气体排出，然后太阳风将这些物质推开，形成彗尾。

能量始于太阳核心的氢，通过 pp 循环，这种能量以光子和粒子的形式，慢慢地通过太阳内部到达光球层，并从光球层中释放出来，给我们带来温暖、光明和生命。某种程度上，我们也是太阳的居民，因为我们生活在它不断发射的光流之中。既然我们与这样一个天然的造能厂如此紧密相连，我们更应该努力地去全面了解太阳是如何影响地球以及我们自己的。

1.8 ▏日地关系

在过去的十几年内，"空间天气"这一新术语变得流行，它用来描述地球附近的空间环境，因为地球时时刻刻受到太阳能量和粒子的释放所带来的影响。空间天气的研究对于了解地球的环境来说至关重要。

有着铁核的地球如同一个巨大的磁铁一般，由于存在着发电机效应，地球具有北极和南极。磁力线从极点出现，并拱向太空，距地面高达数万千米，然后又回到相反的极点去。虽然我们通常认为磁铁具有吸力，但斥力同样也是磁铁的一个特征。带有电荷且正在移动的物体会与磁场相斥，或者会被磁场推开，而围绕和保护我们地球的大磁场叫作磁层。

正如前文谈及的，太阳会稳定地输出带电粒子和物质碎片，这被统称为太阳风。太阳风以大约每秒 400 千米的速度流经整个太阳系，这会使得朝向太阳一侧的地球磁层变平。这就像你正迎着强风行走，你拿了把雨伞放在面前，雨伞帮你遮挡了周围的大风，而你能感受到大风推压着伞面的力量。类比一下，磁层就可以被刻画成这样的一把保护伞，用来抵御地球周围来自太阳风中的带电粒子。

地球上的天气模式有很多种，如飓风、龙卷风和风暴。太阳同样也有它的"天气模式"，为大规模的太阳耀斑和日冕物质抛射提供能量。在耀斑或者日冕物质抛射发生期间，亚原子粒子和大量的 X 射线、紫外线和伽马射线辐射快速喷射入太空，到达地球的这些粒子量也随之增加。当这些事件发生时，粒子常常卷入到我们的保护层之中，扰乱磁层，对局部的空间天气产生不利的影响。

这些粒子有时会对国家电网结构造成损害。大气层外的卫星上所装备的精密电子设备，也特别容易受到带电粒子的影响。因为太阳风暴给卫星带来了额外的阻力，并且重新调整了卫星的轨道，所以一些卫星已经处于危险之中。无线电、电视和电话传输可能会中断；地球大气层的其他方面也会遭受改变，像是臭氧层中产生的空洞。我们对这些以及其他现实情况多年来一直有所耳闻。

在特别剧烈的太阳活动之后，有时甚至在更低纬度的地区也能看到极光（包括北极光和南极光）。前面提到，耀斑或日冕物质抛射活动会导致太阳风，而太阳风中爆发的阵风会激发地球磁层的活动，届时产生的电流通过磁场线到达磁极。地球大气外层气体中的原子也会拥有更高的能量，当这些原子以光子的形式释放能量时，这些气体就会发光，形成绚烂的极光。

就像气象学家研究和预报地球上的天气一样，天文学家和物理学家也致力于监测近地的空间环境。进行空间天气预报，并提供有用的日地信息，在美国，这是美国国家海洋和大气管理局（NOAA）负责的领域。美国国家海洋和大气管理局与美国空军合作，共同监管空间环境中心（SEC），并及时监测和发布空间环境信息。

我们所认知的诸多东西都是在过去短短几十年中实现的。各种各样的太阳空间任务，比如美国宇航局的太阳过渡区与日冕探测器（TRACE）、太阳和太阳圈探测器（SOHO），它们为许多问题提供了答案。当然，每一个问题解决的同时，又会有更多的疑问浮出——太阳黑子的一些结构有待理解，极区中等离子体像河一样流动的现象仍需解释，而又是什么导致了 11 年太阳周期的无规律性呢？

我们努力遥看远方恒星内部的奥秘，但它们远远超出了我们能观测到的范围。我们能够对这些恒星的活动过程有部分了解，正是因为近在眼前的太阳为我们提供了一个实验室，去研究它包罗万象的行为活动。对于有适当装备的天文爱好者来说，太阳为他们提供了一种能终身观测的乐趣。探索书中接下来展示的内容，你会发现可供研究的选项就像太阳黑子的形态面貌一样多变。

第二章

太阳观测的基本常识

2.1 ⏐ 为什么要观测太阳？

　　普林斯顿大学天文教授、著名的太阳观测者查尔斯·A.扬（Charles A. Young，1834—1908）在 1901 年写道："太阳是离我们最近的一颗恒星，它是一颗发光且炙热的球体。尽管在恒星中太阳的个头可能只是中等，但与地球和月亮相比，它却巨大无比。同时对于地球和其他围绕着它的行星来说，太阳也是这些天体中最为宏大且重要的。"扬教授是太阳物理学的先驱，他在几个新领域都发挥了作用：他是第一位拍摄到日珥的人，也是发现色球层中反变层的人，更是一位在科学问题研究上受欢迎的公开演讲家。对于扬来说，太阳是所有天体中最重要的，他在上述 1901 年所写的内容中以这样一句话作为结束语："……太阳光提供了能量，维持了它们表面上各种形式的活动。"扬所说的它们指的是行星，特别是我们的地球。地球上有着茂盛的植物、多种多样的动物、变化多端的天气系统、波澜壮阔的海洋和丰富的地球大气。如果没有太阳，这一切都将不复存在。

　　合适的距离（1.5 亿千米）和太阳的大小（直径 140 万千米），正好为我们提供了一个独特的机会，让我们能够对恒星进行细致的研究。即使是在全世界最大的望远镜中，几乎所有其他的恒星在镜头里看到的只是一个光点。虽然光谱学和天体测量学可以间接提供关于恒星的丰富数据，但与直接观测可以了解到的内容相比，这些技术也只能获取其中的一小部分信息。

　　令人惊奇的是，仅借助日全食，我们用肉眼就能近距离观察到太阳有一个变幻莫测的白色大气层和漂亮的粉红色日珥。早期中国的天文学家在接近地平线或透过薄薄的云层观测太阳时，能够发现呈暗黑状的斑点，也就是太阳黑子。当然，这并不是观测太阳的正确方式，但如果有适当的护眼措施，我们也可以看到偶尔出现在日面上的太阳黑子。一个持续存在的大黑子可以证明太阳在旋转，并且通过更多的观测可以确定一个大致的旋转速度。因此，我们与太阳距离近的优势，是研究一般性恒星行为活动的关键点。

当使用带有特殊观测装置的望远镜观测太阳时，扬教授所说的壮观景象可能令人叹为观止。太阳活动是我们太阳系中最为频繁且充沛的。观测爱好者可以追踪单个太阳黑子和太阳黑子群，之后能看到这些黑子每日的增长情况。日珥喷发，然后犹如下雨般落回到表面。而太阳耀斑，通常只有使用特殊的滤光片才能看到它们。耀斑在几分钟内就会变亮，它们如此亮以至于在白光下也是清晰可见的。令人惊叹不已的是，上面所述的任何一个事件中释放出的能量，都相当于整个人类历史中能量的总输出。在这么短的时间内，还有什么其他的天文活动中会出现如此丰富而又波澜壮阔的景象呢？

许多太阳观测者会被问到，为什么在他们的望远镜内太阳是一个迷人的观测对象？当然，许多人会把刚才提及的太阳动力学作为他们的回答，但也有一些人谈到，太阳观测对于他们来说是一种闲适放松的体验，并没有特别之处。有一位观测者幽默地调侃："因为太阳在白天很容易找到。"而另一位则说："（把观测到的太阳景象）与大家分享仅仅是一种乐趣。"分享的乐趣和能够近距离仔细观察恒星的魅力，似乎是执着于太阳观测的人的共同话题。正是因为这些原因，才会有那么多太阳爱好者去研究太阳。

尽管太阳观测对于天文爱好者有着莫大的吸引力，但他们会碰到一些夜天文观测中不会遇到的绊脚石。主要包括三个阻碍：安全问题、观测时视宁度的好坏以及设备是否适宜。这些拦路虎的确存在，但当你有胆识、决心和恰当的观测装备时，这些困难都很容易克服。

2.2 太阳观测安全

　　所有想要观测太阳的天文学家都必须要上的第一课是——认识到太阳观测这项活动所涉及的内在危险。对于任何没有正确安装安全观测装置的光学仪器来说，千万不要用它们来观测太阳。除非是通过一个已知且经过测试的太阳滤光片来观测，否则永远不要用你的肉眼去直视太阳。只要眼睛短暂地直视了未经过滤的阳光，就会对视力造成永久性的伤害，甚至是失明。总之，没有直视太阳的后悔药可以吃，因此，千万不要把直视太阳当成理所当然，一定要小心，小心，再小心！

　　为了说明观测太阳可能产生的危险，我们来进行一个简单的实验。将望远镜对准太阳，不要装太阳滤光片，同时在这个实验中最好使用折射镜。取下目镜和星形对角棱镜，然后站在望远镜的一侧，远离光束，拿一张纸放在物镜的焦平面上。看看结果是什么？片刻之后，纸就会被点燃（这里要小心）！这足以证明，望远镜焦点处存在大量的热量，像这样没有任何保护措施的设备，不宜用于太阳观测。

　　尽管热量带来的威胁是显而易见的，但安全平稳的太阳观测每天都在进行，观察者使用的设备即使是新手也可以使用。只是要想进行没有风险的太阳观测，关键要了解何为安全，何为危险，如此就可以避免潜在的问题。

　　观测太阳光球层最便宜且最安全的方法是投影法。折射望远镜或者牛顿反射望远镜很适合用于太阳投影法。这两种仪器都可以很容易地安装投影屏幕，它们易用的同时又不会使望远镜因为热量而受到损伤。不要选择复合式望远镜，比如广泛使用的施密特－卡塞格林式望远镜来投影太阳。因为对于施密特或者类似设计的望远镜来说，其内部组件，如塑料遮光管或副镜很可能被热量损害。

为了将太阳的图像投影到白屏上，需要使用惠更斯或者拉姆斯登目镜，其对应的望远镜最大孔径约为 100 毫米。孔径越大，望远镜的焦平面处，也就是目镜处会集中更多的热量。一些观测者喜欢使用更小（80 毫米及以下）孔径的望远镜，并使用质量较好的目镜，以获得更清晰的投影效果。此外，无畸变目镜和普洛目镜搭配小型望远镜也会有不错的效果。但需要注意的是，其镜片之间使用的光学胶存在融化的可能。将望远镜指向太阳，而观察用的白屏放置在目镜后的一段距离处。这样的布置很容易看到白光太阳的特征。目镜和屏幕之间的距离越远，投影出来的图像就会越大，但亮度也会越暗。因此，在通过望远镜投影太阳时，我们需要认真考虑投影图像的大小和亮度之间的折中问题。

对于白光观测，直接观测是太阳投影的一个替代方法，也是天文爱好者最常使用的方法。将物镜滤光片安装在望远镜的入射处，可以降低太阳的亮度，屏蔽有害的光线，否则这些光线将会沿着望远镜进入观测者的眼睛。这些类型的滤光片有好几种形式，从有特殊涂层的玻璃和金属的模件，再到由光学级别聚酯薄膜制成的模件。大多数的滤光片厂商出售的商业望远镜上都会预装好太阳滤光片，或者以模组的形式，以适配你所用望远镜的特定管径。如果你想把它安装在一个自制的模组中，滤光片本身也可以单独购买。对于当今的天文爱好者来说，除了太阳投影法，使用物镜滤光片是观测太阳最安全的方法。更多关于太阳投影和直接观测的内容将会在本书后面有关白光观测的仪器章节中讲述。

具体而言，观测太阳时需要规避哪些危险呢？其中一个危险是过度暴露在阳光下，主要是光谱中的蓝绿区域，该区域会损伤眼睛中对光敏感的两种细胞——视锥细胞和视杆细胞。当我们过度暴露在明亮的阳光下之后，这两种细胞会与光产生化学变化，引起我们的眼睛在短时间内或永久性地失明。这种化学性的视网膜损伤既可能是单次暴露事件直接导致的，也可能是由多次的无保护"短视"太阳的行为所造成的。

尽管过度暴露在明亮的太阳可见光之下是致盲的一个因素，但也有其他破坏力极强的射线。太阳会发出一些不可见的辐射，而紫外线（UV）和红外线（IR）就是其中的两种不可见辐射。紫外线（波长280~380纳米）虽然不能到达视网膜为我们所见，但却会被眼睛吸收，这会引起白内障，并且会加速眼睛外层的老化。当红外线（波长780~1400纳米）进入眼睛时，热量会灼伤内部组织，破坏视杆和视锥细胞，同时太阳大部分热能都是以红外线的形式存在，最终视网膜上会出现一块永久性的盲区。然而更不幸的是，由于眼睛无法感知热量，观测者可能不会立即意识到眼睛受到了伤害，通常几个小时后才会发现问题。

以往用于观测的一些物品，如今并不能安全地进行太阳观测，它们包括蜡烛燃烟灰沉淀物（即俗称的熏烟玻璃）、偏振和中性密度滤光片、曝光和显影的彩色胶卷、光盘（CD）、无银胶片以及镀铝食品包装纸。这些物品中有很多都能调暗太阳光，但大部分红外线还是能透过它们传播。为了大家在观测太阳时的安全，只准使用有防护装置的产品。

即使在今天，特别是在二手低端望远镜市场里，有一个危险物品还是会出现，它就是太阳目镜滤光片。这些滤光片旋拧在目镜筒里，以便直接观测太阳。实际上，滤光片不过是一种颜色密集的玻璃。当望远镜对准太阳，并把滤光片放在焦平面上时，滤光片最终会因为聚集的热量而碎裂，刹那间，眼睛就会暴露在太阳那炫目的光线和热量之下。

我永远不会忘记那次惊险的经历，那是我第一次把装有这种滤光片的望远镜对准太阳。在我去取回笔记本的片刻间，我听到了玻璃碎裂的不祥之声，等到我回来时就发现了一束白光从目镜里倾泻了出来。倘若早点或是晚点发生这个事故，我的一只眼睛就会因此失明！为了自己和他人的安全，请立即丢弃掉这些滤光片。

那么，究竟什么才是安全的白光太阳滤光片？这样的滤光片必须能将入射进望远镜的太阳光（主要是波长在280~1400纳米的光线）强度降至原来0.003%（也就是密度约为4.5）的水平，如此才能成为一个在视觉上安全的设备，这是安全标准的下限，而实际上很多人更喜欢透光率再低一点的滤光片。一般来说，大多数观测者认为密度在5.0左右的滤光片是很舒服的，在这个水平的滤光片下，太阳看起来仿佛满月一样亮。

滤光设备该如何在太阳观测中使用，其制造商有着最终的决定权。例如，一些白光滤光片的制造商会提供所谓的"摄影密度"版本，并且通常出于安全考虑，这些制造商会对这些滤光片的使用提出警告。摄影密度滤光片的主要用途是在对太阳拍照时，缩短曝光时间。由于摄影密度滤光片比普通的滤光片能透过更多的太阳光（包括紫外线和红外线），因此除了用于摄影，它们不能有其他用途。

日面上偶尔会出现一个很大的太阳黑子，若想用肉眼去发现它的存在，体验其中的新奇感，则有着一定的挑战难度。而一块适合遮住双眼的14号电焊工护目镜片成了裸眼观察太阳的最佳滤光片。我们可以在焊接用品商店买到好几种尺寸的滤光片，有长方形的，也有圆盘形的，这些滤光片可以充分削减可见光、紫外线和红外线波长的阳光强度。然而，由于它们的光学质量很差，因此不建议在望远镜上使用，也不建议将它们作为目镜上仅有的减光手段。

到目前为止，我们只讨论了白光滤光片的相关事宜，但同样的，单色光的观测者也必须谨慎地对待安全问题。如果按照制造商的说明书使用，那么如今天文爱好者可以广泛获得的 H-alpha 线和 Ca-K 线滤光片是完全安全可靠的。在一些系统中，望远镜的物镜上可以使用一个特制的预置滤光片，叫作能量抑制滤光片（ERF），用以吸收或抑制紫外光和红外光。窄带滤波装置本身包含额外的剪裁和截止滤光片，用于去除我们不想要的非带状波长，最终为我们呈现一个安全的单色视图。

反复检查望远镜上的滤波系统并始终坚持这么做，以确保各部件安装正确且牢固。因为眼睛一端的滤光片可能会从望远镜上被撞落，物镜上的滤光片也可能会被风吹走。如果上述情况中的危险事故你都能避免，那只是运气好而已，千万别把自己的安全交给运气。

太阳观测者应该考虑的另一个问题是，如何在望远镜的视场中找到目标。我们需要养成一个这样的好习惯：在观测太阳之前将主仪器上的寻星镜取下或者给它盖上盖子。否则，一个没有盖子的寻星镜会成为一个小型的投影望远镜，不一会儿就能点燃碰巧放在其光路上的衣袖或是手臂。此外，千万不要为了在望远镜中定位太阳而沿着望远镜镜筒的边缘观察太阳，这和直接用肉眼盯着太阳一样危险！

你也可以和大多数观测者一样，当望远镜正对太阳时，直接观察望远镜在地面上形成的影子。当太阳在望远镜的视场内或者非常接近视场时，望远镜的投影会缩小并形成一个圆圈。有几家制造商生产出了简易的"针孔太阳探测器"，并且可以安装在镜筒上，更加准确地确定太阳在视场中的位置。许多手巧的观测者根据这些相同的原理已经制作出了自己的太阳定位装置，你也可以尝试尝试。

太阳是能够为我们所用的，前提是要做到观测上的安全，而安全的关键又在于时刻了解情况并且始终遵循正确的程序规章。切勿成为不幸的统计数字，争做一个安全的太阳观测者，谨记，要尊重太阳，这样你将永远能够安全地观测到它那独具一格而又变化多端的特征。

2.3 ┃ 视宁度条件

几年前，在一次地方天文活动中，我参加了一个非正式的讨论，期间话题转向了一位观测者用望远镜可以看到太阳上的多少细节。当然，我们谈到了望远镜的孔径、可以改善某些特征外观的滤光片，以及在一天中的某些时段而不是其他时段去观测太阳的优势。一位长期从事太阳观测的人出席了会议，并说了一句话，听起来很有道理。在回答天文爱好者可以通过他的望远镜看到什么时，他说："如果要考虑到所有的情况，那么视宁度就是一切！"这就是太阳观测的圭臬。

天文学中的视宁度被定义成观测者与其观测目标之间的大气质量，它是光波在进入眼睛之前必须穿过的介质的状态。通常所说的"日间视宁度"的不同会带来观测情形上的差异：太阳可能看起来完全静止，而且细节丰富；或者在其他时候，所有的细节都被淹没了，模糊到只能辨认出大的黑子本影。

当视宁度很好的时候，使用 125 毫米或孔径更大的望远镜，可以清晰地看到光球层的米粒组织，以及半影纤维（从太阳黑子本影辐射出来的暗色线状结构）。微黑子（小的太阳黑子）则看起来很稳定，不会突然出现在视场中。不幸的是，这些时刻是罕见的。更多的时候，日间视宁度条件的范围在不太完美到非常不稳定之间。当我刚开始天文观测的时候，我几乎没有意识到天文观测里视宁度的重要性。我的第一台望远镜是小孔径的，并且很少使用超过 50 的放大倍数。但随着我越来越习惯于观测，我的"天文之眼"得到了拓展，我也愈发能在稳定的大气条件下享受观测。

无论是初学者还是高级的业余天文学家，都应该努力了解大气层对我们观测体验的影响。为什么呢？因为视宁度真的就是一切（图 2.1）。

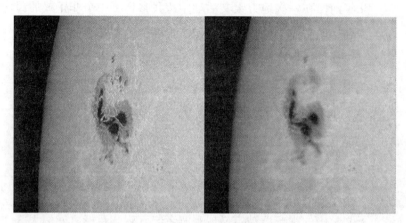

图 2.1　两张相隔不久拍摄的图像，展现了局部视宁度的变化范围。在左图良好的条件下，太阳的细节清晰可见。右图的视宁度不佳，细节便会丢失。于世界时 2005 年 9 月 9 日 14:19 拍摄的 AR0808 活动区。

夜间观测者都知道，恒星会快速地闪耀，并伴随着亮度的波动变化。我们把这一现象称为"闪烁"，其发生的原因是距离地表 2000 米或更高海拔的大气层中存在湍流，而大气湍流会对像恒星这样的点光源产生影响。望远镜视野的膨胀、模糊或分辨率衰退代表了另一种视宁度的情况，称为像移（图像移动）。像移导致的天体成像质量下降可以是任何形式的，从缓慢的、懒散的、滚动的视角到快速的沸腾。像移产生于大气的最低层，这里的最低层包括观测者附近的区域或望远镜的内部。对流层是地球大气层中最靠近地球的一层，它控制着我们日常的天气模式以及温度的变化，也是大多数较差观测条件的根源所在。白天，地面物体升温，并将产生的这些热量重新辐射到周围局部（最低 100 米范围）的空气中，因而产生空气温度的波动，进而会产生像移。当我们试图减少与太阳观测有关的不良条件时，我们需要理解和把控这些处于低层的对流热量。

那么，作为一个太阳观测者，该如何应对白天不利的观测条件呢？首先，评估一下你的观测地点，看建筑物是否位于太阳光到望远镜必经之路的下方或附近？如果是的话，请重新确定观测位置以避免这种情况。如果可能的话，将观测位置设在一个盛行风不受阻挡的地方。树木、建筑、较高的栅栏、山丘和其他障碍物都会对局部的气流模式造成干扰，导致视宁度欠佳。

拥有自己观测台的天文爱好者会发现，设计成滚降式或分体式屋顶的建筑比圆顶式的更适合观测。圆顶式的天文台往往会造成并且保持着较差的视宁度条件，因为入口光缝周围的区域会重新辐射热量。另外，来自圆顶内的气流和从光缝中流出的气流也会导致视宁度变差。观测台的建筑材料也要尽可能选择轻便的，以避免储存大量的热量。对于没有固定观测台的人来说，在露天场地进行观测比通过窗户或车库门洞要好。同样，要避开大的热源，例如沥青或是混凝土的停车场，一个开阔的、气流不受限制的草场是一个理想的选择。

除了望远镜的内部，我们还要避免单调的纯黑色表面。因为白色涂层会反射热量，而黑色涂层会吸收热量，并将热量重新辐射到望远镜的光路上。这一注意事项还可以扩展到观测台周围的结构和辅助设备上。如果建造属于你自己的太阳望远镜，那么使用的镜筒尺寸要比必要的稍大点，这样可以防止太阳光线照射到镜筒的侧壁上，产生有害的筒内气流。

随着时间的推移，我们需要持续考量局部的视宁度条件和天气模式，并注意什么时候是观测太阳的最佳时机。冷锋或暖锋过境后，空气是否更稳定？在一天中的某个时间段，你是否会觉得太阳的湍动程度要比其他时间段更小？许多有经验的观测者发现清晨是观测太阳的最佳时间，因为在一天中清晨之后的其他时间段太阳会使局部的屋顶、车道和建筑物升温，影响视宁度。由于我所处位置受到所在东部天际线的限制，无法在清晨观测。我个人更倾向于在接近中午时分进行观测，此时太阳高悬当空，空气中流动着由东至西的微风。事实证明，这对我来说是一个成功的观测条件组合。为什么呢？因为在太阳靠近子午线的时候，光线穿过最纷乱的大气层的路径会更短，而且柔和的微风减少了望远镜附近所有的上升热流。至于一天中最适合观测太阳的时间，并没有一个一成不变的经验法则。实际上，白天的视宁度会随着特定地点的条件而变化。研究这些视宁度更好时的条件，当它们再次出现时，抓住机会。

热量并不是妨碍良好视宁度的唯一因素。由于地球大气层的曲率产生的棱镜效应，大气折射会导致望远镜视场成像质量的衰退。你是否用望远镜观察过天空中的金星，它在早晨升起（古人把这一现象称为"太白经天"）或是晚间下落？当金星接近地平线时，也许你已经注意到了伴随而来的小彩虹（由棱镜效应下大气折射所产生）。离地平线越远，棱镜效应越不明显，但即使当一个天体离天顶只有 25 度时，也就是离地平线很远时，大气折射角仍然大于 1 角秒。

为了避免大气折射，太阳观测者要对望远镜的视像进行过滤，移除虹的所有颜色，只留下一种颜色。除了用正常的白光过滤设备来实现这一目的，我们也可以使用标准的彩色目镜滤光片。单色光的观测者基本上已经消除了这种影响，因为他们的窄带设备只允许太阳光谱中一小段波长的可见光通过。尽管彩色滤光片能减少大气折射的影响，但它主要被用来增强太阳中选定的白光特征。例如，绿色滤光片增加了光球层米粒组织和光斑的对比度。本书将在关于白光观测技术的章节里，更为详细地探讨滤光片的使用。总之，目前你要知道的是，滤光片的带宽越窄，就可以在天空中越低的位置消除大气折射效应。

为了易于保存记录，设计一个统一的系统来描述太阳观测者所经历的视宁度条件是很重要的。极好与糟糕的视宁度条件之间的区别是显而易见的。视宁度极好时，可以在较长的时间内观测到最精细的细节；视宁度糟糕时，根本无法观测到这些精细的细节，或者只能在短时间内看得到一些细节。一种判断视宁度好坏的方法是将特定特征的可见度，如米粒组织的可见度，作为一个衡量标准。通过给望远镜中可见的米粒组织所呈现的外观分配一个数值，可以得到一个代表视宁度条件的尺度。例如，好于1角秒的视宁度意味着可以清楚地看到米粒组织。1或2角秒的视宁度下，米粒组织会变得斑驳起来。在3~5角秒的视宁度范围内，偶尔也能看得到斑驳的米粒组织视像，同时最微小的太阳黑子或微黑子会反复跳入和跳出视场。用角秒表述视宁度是许多严谨观测者的首选，这种描述方式对日间视宁度的条件提供了一个清晰的认知。

另一个太阳观测者需要考虑的大气质量的特征是透明度。透明度是对天空清晰程度的描述，水蒸气、尘埃、烟雾和其他大气颗粒物都会使透明度降低。如果透明度足够低，一些特征就会开始变得不清晰。一个极端的例子就是，透过完全不透明的云层，我们什么都看不见。而另一个极端是，太阳附近的天空将是一片深蓝色。大多数情况是介于这两者之间，而一些相当主观的词语，如优秀、良好、一般和差，都可以用来描述透明度。优秀描述的是最清晰的天空条件；良好表明天空是清晰的，但没有优秀那么完美；一般代表着有薄雾的朦胧天空；而差则表明你和太阳之间隔着一层薄云（表 2.1）。

表 2.1　用于定义视宁度条件的描述性尺度

米粒组织成像状况	用角秒定量分析视宁度好坏	视宁度等级
米粒组织清晰可见	<1角秒	优秀
米粒组织呈现斑驳	1~2角秒	良好
米粒组织和微黑子偶尔可见	3~5角秒	一般
米粒组织和微黑子不可见、太阳黑子可见性欠佳	>5角秒	差

许多观测者使用角秒或"一般性"的词汇来描述他们在观测过程中所碰到的视宁度情况。由于一般性的词汇往往是主观的感受，因此对于有经验的观测者来说，角秒法是首选。太阳米粒组织和微黑子就是定义这一尺度的典型特征。

第二章

太阳的白光观测

专用的太阳望远镜是一类独特的工具，专门用于观测天空中的单一天体，也就是太阳。与夜间的望远镜不同，用于观测太阳的仪器并不需要接收大量的光线。实际上，在观测太阳时，大部分的精力反倒都花在了减少接收光量上。尽管更大进光量的望远镜可以向我们展示数百万光年之外的星系，但在许多时候，用一个小的折射望远镜去观测离我们最近的恒星时，可能比前者更为出色。因为用于观测太阳的望远镜的孔径通常是150毫米或者更小，所以如今天文学家的重点也从光的数量转向了光的质量，而严谨的太阳观测者会好好设计他们所使用的仪器，以用于最理想地观测他们的目标天体——太阳。

3.1 | 白光观测望远镜

太阳从肉眼看上去呈现的是"白光"的景象，而白光是整合了可见光谱中从紫色到红色所有颜色的结果。我们所看到的太阳白光实际上是太阳的光球层，无论我们如何努力，都不可能在可见光中看到光球层以下的部分，因为这部分气体密度太高以至于是不透明的。光球层之上是色球层，这一层的太阳大气变得稀薄，并且与太阳内部氢燃烧产生的光相比，色球层过于暗淡，以至于人们无法在下层的强光中瞥见它。

从理论上讲，任何望远镜都适用于白光太阳观测。需要记住的是：对太阳来说，有些望远镜的性能比其他的更好。许多太阳观测者都有着夜间天文观测的背景，因此，他们的设备的功能设计成在夜观测环境下最佳。将夜间观测用的望远镜改造成可用于日间观测的，这件事可以像在望远镜上安装一个白光物镜滤光片一样简单。但是如果你想要获得更优异的性能，制作一个专用的望远镜可能会更有吸引力。我最新的望远镜是一个孔径 125 毫米、光圈值 f/18 的折射望远镜，是专门为了观测太阳而组装的。焦距的选择是为了在物镜的焦点处形成特定大小的太阳图像。镜筒内部被周密地挡住以减少散射光，而外部涂成白色以反射热量。市面上有几家公司生产专门用于观测太阳的白光望远镜。

许多白光太阳特征的对比度较低，换言之，我们所感兴趣的特征和其附近太阳背景，在亮度上只有轻微的差异。但也有少数例外的情况，这时特征对比鲜明，这些例子包括周围是光球层的太阳黑子本影，或者是一条横跨较暗本影的亮桥。对于太阳黑子半影内的细节或者是太阳米粒组织的研究，由于这两个特征的对比度都很低，想看清楚它们，需要一个能产生清晰的、具有足够分辨率的、高对比度的成像仪器。这就是一台用于太阳观测并能获得预期观测效果的望远镜的关键：锐度、对比度，以及能够表明所观察特征的分辨率。在选择用于重要太阳研究的望远镜时，请务必记住这三个标准。

许多天文爱好者会使用 1 角秒的分辨率，从而可以观察到半影和米粒的精细细节。一台 125 毫米孔径的望远镜能达到 1 角秒的理论分辨率（道斯极限）；而对应上一章节末提及的良好观测条件（1~2 角秒），125 毫米则是一个严谨的太阳观测者所需的最小孔径。尽管在大多数情况下分辨率会受到视宁度条件的限制，但更大孔径的望远镜（最大 300 毫米）也能成功地使用。更小孔径的望远镜（小于 125 毫米）受到大气扰动的影响更小，虽然这使得观测更加稳定，但较小的孔径会降低理论分辨率。这些较小的望远镜（孔径 50～100 毫米）适用于娱乐性质的观测或者给太阳黑子计数。较大孔径的望远镜总是能比小孔径的仪器展现出更多的细节，但同样离不开观测者的耐心，以及对稳定观测条件时刻的选择。

反射式望远镜

反射式望远镜中最简单和最经常使用的是牛顿反射式望远镜，这是牛顿在 17 世纪发明出来的。一个自制的或商业化生产的牛顿式望远镜在添加了全光圈太阳滤光片后，对直接观测白光太阳很有用。业余爱好者中最典型的是 150 毫米的牛顿式望远镜。得益于主镜的光学表面单一，这些望远镜价格合理，这对注重成本的爱好者来说是一个绝对的优势。用同样的价格买到的牛顿式望远镜的孔径比其他种类的望远镜更大。复合式望远镜是那些有着反射镜和透镜作为主要部件的高端折射式望远镜，它们价格昂贵，其部分原因是需要加工的光学表面数量相较于反射式望远镜更多。

牛顿的第一个反射望远镜并不完美，它的主镜有一个被称为球面像差（球差）的缺陷。存在球差的反射镜或透镜无法将所有收集的光线聚焦在同一个平面上。换言之，从物镜反射出来的光线比其他光线偏离轴线更远，这些光线会在该轴线的不同点上聚焦（即到达不同的焦点）。为了纠正牛顿式望远镜的球差，主镜的曲线从球形加深到抛物线的形状，而抛物面镜能将光线汇聚到单一的一个焦点上。

牛顿式望远镜的另一个常见缺陷是彗形像差（彗差）。一个短焦比的反射镜会产生一个点光源的离轴图像，类似于一个小翅膀或一个 V 形的"污斑"。光线离轴越远，彗差就越明显。消除或是至少能减轻彗差的一种方法是在光路中插入一种特殊的校正透镜。但最简单的解决办法还是在望远镜中使用一个中等或者大焦距比（f/8-12）的反射镜，这样可以创造出长焦距，非常适合观测月球、行星或太阳。

牛顿式望远镜相较基于透镜的望远镜来说有一个明显的优势，那就是它是完全消除掉色差的，也就是说，在成像上没有颜色的缺陷。色差是由折射的棱镜效应造成的。通常情况下，通过折射式望远镜观察一颗明亮的恒星，会看到其周围有一个紫色圆环存在。由于反射镜的运作原理是通过反射光线而非折射光线，因而它不会有色差。

天文爱好者如果拥有一个制作精良的 150 毫米牛顿式反射望远镜和全光圈的太阳滤光片，就可以观察到太阳一切有意思的白光特征。这些特征包括临边昏暗、太阳黑子本影、半影、微黑子、亮桥、光斑和米粒组织。孔径稍大一点的仪器，虽然不那么容易携带，而且容易出现视宁度不佳的情况，但如果把物镜滤光片放在轴外（off-axis，简称 OA），也可以使用。对于牛顿式反射望远镜来说，离轴滤光片是圆形的，大到足以适配在对角镜支架的叶片之间，同时又不超过主镜所限制的范围。对位于望远镜光路上的副镜和支撑系统，滤光片会略微增加其对比度的损失。然而，对于一个孔径 150 毫米或更小的反射镜来说，离轴放置的效果并不好。如果同时使用较小孔径（50~70 毫米）的离轴滤光片与该尺寸的望远镜，分辨率会严重下降。因此，如果你有一个孔径为 150 毫米或更小的望远镜，那么就使用全光圈的太阳滤光片；如果大于150毫米，则要考虑使用全光圈或者一个孔径尽可能大的离轴滤光片。

根据不同的望远镜，可能需要掩合或关闭牛顿式望远镜镜筒的末端主镜附近的开口。因为日光从镜筒的底部向上反射到对角镜上，会减弱在目镜中看到的视像。一种带有端环的望远镜镜筒为此提供了一个简单的解决方案。首先，剪一个薄的黑色硬纸板圆盘，其外径与镜筒的相同。接着，取下望远镜镜面一端上的圆环，将剪好的硬纸板套入圆环中，随后将圆环紧紧地套在望远镜镜筒上。瞧！此时镜筒内的镜面端就能被遮盖住了。除此以外，也可以自行制作或购买遮光盖，把它套在镜筒末端上，同样能达到不错的效果。

除了用装有物镜滤光片的牛顿式望远镜直接观测太阳，白光观测还可以通过太阳投影来完成。这项技术把望远镜作为"投影仪"，在离目镜一定距离的屏幕上形成一个放大的太阳图像。尽管把遮光显示屏幕安装在牛顿式望远镜镜筒一侧是可行的，但由于这种布局并不稳定，所以让人懊恼不已。牛顿式望远镜镜筒上的开口设计也使得内部气流很活跃，且太阳热量会进一步扰乱这些气流。镜筒内的气流将破坏视宁度条件，这是每一位太阳观测者的克星。在大孔径望远镜的副镜处产生的太阳投影热量累积还会损坏或扭曲光学元件，哪怕没有，至少也会造成视宁度欠佳。虽然一些业余爱好者已经成功使用牛顿式望远镜进行了投影，然而，在太阳投影方面，折射式望远镜才是更好的选择。

一言以蔽之，白光太阳观测者会发现，牛顿式望远镜是最经济划算的。在150毫米或更大孔径的牛顿式望远镜中，如果使用全光圈太阳滤光片，其分辨率足以满足大多数太阳研究者。牛顿式望远镜不存在色差，配上更长的焦距能够提供极好的图像。对于太阳的白光观测，牛顿式望远镜是一个很好的选择。

折反射式望远镜

当反射镜和改正板组合起来用在望远镜上时，就是我们所知的折反射式望远镜或复合式望远镜。业余爱好者们常常会使用两种复合式望远镜，它们互为竞品，分别是施密特式和马克苏托夫式。两者都受到众多观测者的欢迎，并且对太阳观测者来说它们有着明显的优势。

光学大师伯纳德·施密特（Bernard Schmidt）在 1930 年左右发明了施密特式望远镜。通过使用球面主镜和仪器前部形状独特的修正透镜，他成功发明了一种用于拍摄夜空的无彗差相机。世界各地的许多专业天文台都在使用施密特成功设计的大型望远镜。

把施密特式望远镜改装为卡塞格林式的配置（施密特－卡塞格林式，简称施卡式），在 20 世纪 70 年代的天文爱好者之间变得极为流行，时至今日，仍受大家的欢迎。在满足便携、大光圈和长焦距的同时又有一个紧凑的结构，这是该设计最大的优势。天文爱好者缺乏像天文台那样足够大的空间，但同时又渴望有一个大型观测仪器，因此施卡式望远镜是一个完美的解决方案。此外，施卡式望远镜的焦平面非常利于成像，制造商们还为这些望远镜提供了大量的配件。施卡式望远镜的缺点是对中心光线的阻挡相对较大（阻挡的区域大约占整个孔径的 30%），进而会导致成像的清晰度和对比度轻微损失。

德米特里·马克苏托夫（Dmitri Maksutov）于 1944 年发明了马克苏托夫式或马克式望远镜。为了校正像差，马克式望远镜使用了球面主镜，并在入口处放置了弯月形透镜。具有卡塞格林配置的马克式望远镜通常会比孔径相仿的施卡式望远镜的焦距更长。弯月形改正透镜背面的一块镀铝区域，通常会作为望远镜的副镜。在大多数设计中，马克式的副镜比相同大小的施卡式上的副镜要小，从而使成像的对比度略有改善，这一特点使马克式望远镜成为太阳观测的一个稍好的选择。与施卡式望远镜一样，便携性也是马克式明显的优势之一。但是，如果校正透镜相对较厚（超过12毫米），则需要把重量纳入考量范畴，再加上制造大型光学仪器的额外费用，天文爱好者在选择仪器时可能会受到这些因素的限制。

与牛顿式望远镜一样，当用150毫米或更小孔径的折反射式望远镜进行直接的白光太阳观测时，最好使用全光圈太阳滤光片。如果望远镜大到足够允许使用所需分辨率无限制的滤光片，可以考虑将滤光片离轴放置。不建议使用折反射式望远镜进行太阳投影，因为这会大大增加马克式或施卡式望远镜内部零件损坏或彻底报废的可能性。例如，来自太阳的过度热量会使塑料遮光罩迅速熔化并燃烧，或者副镜也会有过热、变形、开裂和其他损坏情况。即使没有这些风险，许多这类望远镜所使用的短小支架也不方便与太阳投影屏幕一起使用。

当涉及整体的全方位天文观测时，折反射式望远镜可能是天文爱好者的首选。月球、行星和太阳观测者则喜欢长焦距（f/10或更大）和成像质量良好的折反射式望远镜。深空爱好者认可这些望远镜的大孔径，而且它们的便携性是一个绝对的优势。对于直接的白光太阳观测来说，折反射式望远镜同样是一个很棒的选择。

折射式望远镜

折射式望远镜使用透镜作为主要光学元件来收集和聚焦光线。传统上认为是荷兰的眼镜制造商汉斯·利珀希（Hans Lippershey）在 1608 年左右发明了折射式望远镜。当伽利略·伽利莱将他的仪器对准天空，发现了许多早期未使用望远镜的天文学家们所无法看到的天文景观。今非昔比，如果按照今天的标准，他的单物镜望远镜充其量也就是个次品。色差，即不同颜色无法在透镜中的单一焦点上聚集在一起的现象，是最早一批反射式望远镜的一个缺点。但随着时间的推移，望远镜制造商发现，通过结合不同折射性质的镜片可以减少或消除色差问题。

如今的天文爱好者有两种基本的折射式望远镜可以选择，分别是消色差和复消色差折射望远镜。消色差，顾名思义，消除不同颜色在聚焦上的差异；而复消色差中的"复"字则有"更加"的意思。一颗通常由冕牌玻璃和火石玻璃这两种成分制成的透镜，称为消色差双透镜。为了发挥出优秀的观测性能，消色差透镜有一个长焦距，并且焦距比达到了 f/12-16，甚至更大；双透镜的焦距越短，则越容易受到色差和其他畸变的影响。在标准的双透镜折射镜中，尽管用冕牌玻璃和火石玻璃组合制成的透镜中仍然可以看到一点点色差，但长焦距能最大限度地减少它。一些天文学家将黄色或黄绿色的喇滕滤光片放在目镜前进行观测，这同样是用来消除色差的一种方法。这些滤光片通过吸收多余的颜色，只透射出单一的颜色，使其到达准确的单焦点上，从而有效地清理了视场。一些制造商提供的干涉滤光片，有时被称为"减紫"滤光片，也能消除折射镜中的色差。

市场上有一些用特殊的超低色散光学玻璃制成的双合折射

透镜，通常把这样的透镜称为 ED（Extra-low Dispersion）镜片。用 ED 镜片制造的双合物镜常用来精确地校正整个光学波段光谱的颜色。与传统的双合透镜相比，ED 镜片对改善色差的效果很明显。基于此，可以认为 ED 镜片是复消色差的。制成其他种类的复消色差透镜可能有三个或四个成分要素，但其中一个制成的要素肯定是氟化钙。复消色差透镜，无论当中是含两个、三个还是四个成分要素，它们都可以用于制成无色差的透镜系统。由于复消色差望远镜真正做到了无色差，其焦距可以制造得比标准消色差折射镜的更短，从而减少望远镜整体的长度，使其成为更便携的望远镜。然而，由于增加了额外镜片元件的制造成本，复消色差望远镜的造价是相当高的。

在现有的各式望远镜中，折射式望远镜是最适合用于投影观测法的。折射式望远镜直通且封闭的镜筒设计能最大限度地减少镜筒内的气流，并且该仪器很适合安装一个遮光的投影屏幕。不过，明智之举是考量一下制作你的望远镜所用的材料。如果使用的是塑料目镜接筒或遮光罩（在一些较新的仪器上会使用），则存在着太阳热量可能会损坏这些部件的危险。而较老和高端的望远镜通常是全金属结构，不会有这样的风险。我们的建议是，在尝试太阳投影之前，彻底检查望远镜的一切，以确定光路中的部件是否可燃。

对于想要认真观测太阳的天文爱好者来说，折射式望远镜是首选的仪器。由于没有反光面类型望远镜的中央阻挡，与之孔径相仿的折射式望远镜可以获得更锐利、对比度更强的望远镜视像。一个全光圈的太阳滤光片很容易安装在主物镜上，创造出一个安全的观测环境。同时，观测用的配件，如动丝测微计或相机，都可以很容易地固定到折射式望远镜上，为调焦留足了空间。理想状况下，在预算范围内，一个制作精良、中等焦距的复消色差望远镜应该尽可能配一个大点的孔径。在中等焦距的望远镜安装好后，可以根据需要再增加焦距，比如在物镜后加配一个精密的巴罗透镜或其他放大透镜。站在性能的角度上，很少有望远镜能比肩复消色差望远镜，因为它能获得令人难以置信的清晰且对比强烈的图像。如果考虑成本因素，还可以使用 ED 双合透镜，或者改用更长焦距的传统消色差望远镜。

3.2 太阳投影观测法

在各种观测太阳的方法里，投影法是已知的最古老的成功技术。耶稣会教士克里斯托弗·沙伊纳（Christopher Scheiner）在1630年著的《天王的玫瑰：太阳》（*Rosa Ursina sive Sol*）一书中有一幅有趣的版画，刻画的正是将折射式望远镜用于太阳投影的场景。投影法的基本思想是将未经滤光片减光的望远镜指向天空，让太阳的图像投射到一个光滑的白色表面上，或者投射到距目镜一段距离的屏幕上。因为投影法是间接地去观测太阳，所以它是最安全的方法。如果使用得当，不会有由于热量、亮度或不可见形式的辐射而损害眼睛的风险。然而，对于儿童或不知情的成年人，当他们在单独使用投影望远镜对准太阳，尤其是无意间透过望远镜去观测时，一定要小心谨慎。切勿将手或衣服放在从投影目镜附近射出的光束上，否则，一定会被烧伤！

折射式望远镜和牛顿式望远镜都特别适用于太阳投影，而在它们两者中，折射式望远镜更为理想，有如下几个原因。其一是在折射式望远镜上可以很方便地安装投影屏幕，另一个原因是折射式望远镜的视宁度质量有所改善。虽然在牛顿式望远镜中发现气流存在于折射镜中，但在大多数情况下，当望远镜镜筒内的空气温度趋于稳定时，气流同样会安定下来。而在一个开放式的牛顿式望远镜中，空气则会不断地进出镜筒，与外面的冷空气混合。至于折反射式望远镜是绝对不能用于"太阳投影"的，因为太阳的热量有可能会损坏望远镜内部的器件。

除了安全以外，太阳投影观测还有一个明显的优势是便于集体观测。通常情况下，成像屏幕上能够显示整个日盘。观测者可以聚在屏幕周围，每个人都能清楚地看到光球。出于教育目的，或是对白光特征的非正式观测，太阳投影法的效果都非常好。

要想清楚地看到白光特征，需要在白色的布里斯托尔板或卡片纸上进行投影。投影屏幕的表面应该是哑光的（以防止产生刺眼的强光），且尺寸要比日盘的投影成像稍大。另外，微黑子以及细微的特征会湮灭在纸板的纹理当中，因此，投影表面也需要非常光滑。成功投影太阳的关键是为投影屏幕提供一个荫蔽的环境。由于日光是间接地洒落在投影图像上，所以除了最粗糙的特征外，其他细节都趋于消失。但如果在荫蔽处，特征的对比度将得到提高。多年以来，从木箱再到楼内，天文爱好者尝试了各种方法来创造这样的一个荫蔽的观测环境。在观测太阳时，可以考虑使用一种被大家亲切地称为"霍斯菲尔德金字塔"的装置，它是以美国变星观测者协会（The American Association of Variable Star Observers，简称 AAVSO）太阳部已故的卡斯珀·霍斯菲尔德（Casper Hossfield）命名的。该装置只是一个由轻型材料制成的金字塔形的盒子。薄木板或是硬纸板可以作为这个盒子的材料。盒子较小的一端牢牢地连接在投影目镜上，而观察用的投影屏幕位于盒子另一端的底部。盒子的内部是均匀的黑色，为防止不必要的反射，还要确保盒子的一侧是开放的，以便能看到投影屏幕。

在选择用于太阳投影的目镜时必须小心谨慎，因为在望远镜物镜焦点处存在的大量热量很可能会损坏目镜，使其无法修复。在过去，一旦镜头元件之间使用的光胶融化，目镜就会永久性地损毁。此外，如果用于投影的望远镜太大，热量可能还会击碎目镜的场镜玻璃。为了避免这些情况，建议用于太阳投影的最大物镜直径约为 100 毫米。小孔径望远镜（小于 80 毫米）使用的是无畸变目镜，它能提供质量更好的投影成像，且结果也表明目镜不会受到损坏。对于使用较大孔径望远镜的观测者来说，经典的惠更斯目镜或者冉斯登目镜是他们的首选。这两种目镜都是非胶合的，只包含了两片透镜元件。由于冉斯登目镜的视场是弯曲的，相比而言，惠更斯目镜更适合投影。惠更斯目镜和冉斯登目镜在大多数销售望远镜的低端百货公司里就可以买到，另外也可以网购获得。尽量只选择金属制成的镜筒以及镶边也是金属材质的目镜，原因还是如之前所说，塑料部件可能很容易就被太阳的热量融化。

在开始投影观测之前，观测者需要确定好太阳投影出来的图像尺寸，然后再找到目镜与投影屏幕之间能够获得该尺寸图像的必要距离。一只手拿着一张硬白纸或硬纸板与目镜拉开一段距离，用另外一只手调整这段距离直至聚焦，如此你会对必要距离有个大致的感觉。如果距离间隔得太大，甚至于不切实际，那么考虑换一个焦距较短的目镜。一旦找到了太阳投影图像理想大小的位置，就记下目镜和投影屏幕之间的距离。记住，太阳在天空中的大小不固定，12月的太阳会比6月的显得更大。除非规定在一年中以某种方式改变目镜和投影屏幕之间的距离，否则太阳的大小会随时间而改变。对于非正式的观测或者太阳黑子计数来说，这无关紧要；但对于参与日面经纬测定的观测者来说，则太阳投影尺寸需要保持全年统一。

除了刚才讨论的试错法之外，太阳观测者还可以通过简单的计算来找到投影屏幕与目镜之间的近似距离。一个直径约为150毫米的太阳投影图像足以展现出光球层的有趣之处和丰富细节。在这种尺寸下，投影出来的亮度会达到一个舒适的水平，但要注意的是，对于任何给定的望远镜，较小的投影图像会更亮，而较大的投影图像会更暗。

首先要做的是计算太阳在望远镜主焦点成像时的直径。短焦望远镜产生的日面直径较小，而长焦的则较大。通过将望远镜的焦距乘以 0.009 可以得到全年的一个近似直径，整个过程中要采用相同的测量单位。举个例子，选择一台典型的 102 毫米孔径的望远镜，其焦距为 1500 毫米，那么在这台仪器的主焦点上，太阳虚像的直径为 13.5 毫米（1500 毫米 × 0.009 = 13.5 毫米）。如果我们进一步希望投影屏幕上的日面尺寸为 150 毫米，那么就需要一个 11.1（150 毫米 / 13.5 毫米 = 11.1）倍的放大系数。

基本上，很多人手头只拥有一个特定的目镜用于投影，且焦距差不多在 12~28 毫米之间。但问题是，较短的焦距可能无法覆盖整个日面，而较长焦距的目镜又可能需要过长的投影距离。接着上面的例子，选择一个焦距为 25 毫米的目镜，再加上计算获得的投影放大率（11.1 倍），将这两个数值简单地代入下面的公式就可以计算出投影距离（即投影屏幕与目镜之间相隔的距离）。

$$投影距离 = （放大率 + 1）× 目镜焦距$$

由计算结果得知，将目镜和投影屏幕之间的距离为 302.5 毫米时，就能得到我们想要的直径为 150 毫米的太阳投影图像。

这里给用投影法的观测者提供一些额外的小指南。第一，努力为投影屏幕创造一个荫蔽的环境，这样非常有利于提高图像的对比度。第二，始终小心那些无意中想要透过望远镜"偷看"的人。第三，与其他观测太阳的方式一样，移除或盖上寻星镜。第四，观测屏幕表面和投影目镜的场镜要保持干净和无尘，否则投影屏幕上可能会出现多余的"太阳黑子"和"微黑子",但实际上它们并非真实存在。第五,常规观测的一部分还应该包括将望远镜定时地从太阳上移开,使望远镜稍作冷却。最后,在观测结束时,等望远镜冷却下来后,再取出投影目镜,此时,你会惊讶地发现镀铬的镜筒摸起来竟然还是很烫。

3.3 直接观测法

　　虽然投影法是观测白光太阳成本最低且最安全的方法，但这种技术方法很容易错失很精细的特征。而通过望远镜直接观测，可以获得更好的成像，这也是当今最受天文爱好者欢迎的观测方法。

　　早期的一些望远镜观测者是一批勇敢但又"愚昧"的实验者。当天空中的光线很弱，或者被薄云削减时，他们会将望远镜对准太阳。在那时，人们并不了解红外线，也不清楚它对于视力的损害。令人唏嘘的是，著名科学家伽利略，于 1640 年失明了。但也有一些关于早期天文学家试图通过在望远镜内使用所谓的"彩色屏幕"来降低太阳亮度的记载——这项举措是后来改善观测安全的先驱。

　　然而，直到 18 世纪末，这些糟糕的观测习惯仍旧没有太大改变。但很快威廉·赫歇尔采取了一个稍微不同的措施，他使用了一个孔径 300 毫米的牛顿式反射望远镜，在其目镜和对角镜之间配备了一个太阳滤光片。这个独特的滤光片由一个"水密"容器组成，该容器有着让光线进入和出去且经过抛光的窗口。赫歇尔在这个容器里填满了各色的液体，以过滤太阳光并减弱太阳在望远镜里的亮度。这对他来说可能是有效的，但还是要想想靠近目镜的滤光片中存在的热量吧！

　　在 19 世纪，"烟色玻璃"也很流行，其制作方法是将一块玻璃放在蜡烛火焰上，直到有一层熏黑的烟灰沉积在上面。为了密封好这一层烟灰，还需要将另外一块玻璃放置在第一块玻璃上，然后用胶带把两块玻璃绑在一起（就像做三明治那样）。到使用时，观测者将这块玻璃"三明治"放在眼睛和望远镜的目镜之间，以期能找到一个足以使太阳光变暗的烟灰沉积区域。同时，观测者还要冒着玻璃在眼旁碎掉的风险！这些都是直接观测太阳时不安全的行为，切勿模仿！

幸运的是，这些徒劳的努力早已随历史的长河滚滚而去。如今，太阳天文学家已经了解了太阳观测的危险性，并且有各式各样安全的、商业化的观测设备供他们使用。现在，他们完全能够安全且自信地完成太阳白光的直接观测。

物镜滤光片

绝大多数天文爱好者都在使用物镜滤光片进行白光太阳观测。这些滤光片的目的是在太阳光进入望远镜之前，将99.999%以上的光筛掉。物镜滤光片总是被放置在望远镜的入口处，它能有效地过滤所有进入的光线。当使用物镜滤光片时，观测者能够辨别出精细的太阳特征、评估视宁度状况、消除望远镜内的热量，这对他们来说是明显的优势。

物镜滤光片分好几种，它们都有着鲜明的特点。基片的选择，或者说选用什么样的材料来支撑起滤光片的减光功能，是一个需要考虑的因素。一个滤光片的成本及其性能很大程度上是由基片的选择决定的。光学密度，或是光线被减弱的程度，是另一个非常重要的特征。光学密度是指通过滤光片的光线减少的程度，用以10为底的指数表示。例如，一个密度为5.0的滤光片相当于将光线减少了10^5或100,000倍（$10 \times 10 \times 10 \times 10 \times 10$）。也有一种滤光片只覆盖了一层较薄的密度涂层，特别适合用于摄影，但对于光学应用来讲并不安全。光学观测用的滤光片的密度值通常为 5.0，而单纯用于摄影的密度值多在 3.8 至 4.0 之间。此外，物镜滤光片的颜色传播特性决定了该滤光片会增强哪些太阳特征。向光谱红端[①]透射的滤光片有利于观察太阳黑子的细节，而向光谱蓝端[②]透射的滤光片很适合观察光斑和米粒组织。

市面上有几种基片产品，其中被广泛使用的有两种，分别是玻璃和聚酯薄膜基片。对于普通的太阳观测者来说，这两种产品都没有特别大的优势，因为它们都只适合偶尔观测太阳黑子或观测日食的部分阶段。对于非经常性的观测者，玻璃制的滤光片或许是首选，但这只是出于它的耐久性。反倒是对于那些每日观测太阳的人来说，在明确自身的兴趣点后，对于基片会更加精挑细选。

在业余天文市场中，玻璃制的物镜滤光片已经有好多年的历史了。20 世纪 60 年代，俄亥俄州代顿的 Optron 实验室为各种规格的望远镜提供了一系列高质量的玻璃滤光片。博士伦公司在 20 世纪 70 年代初通过他们的 Micro-Line 部门在市场上出售了一系列安全的全光圈太阳滤光片。如今，有好几家制造厂商在生产玻璃材质的太阳滤光片，以满足那些拥有商用或定制化望远镜的天文爱好者的需求。详情请参考本书附录中的设备供应商名单。

真空环境下，在玻璃上沉积几层薄薄的镍、不锈钢和铬，如此便可以制作出一块玻璃太阳滤光片。有时，铬镍铁等的合金也会被选为滤光片的介质。无论使用哪种材料，其目的都是为了阻挡整个光谱里必要数量的光线，包括紫外线和红外线。而天文爱

① 红端指可见光的光谱波长较长的一端。
② 蓝端指可见光的光谱波长较短的一端。

好者要遵循的一个原则就是，要求制造商保证他们的产品符合这一安全要求。此外，玻璃滤光片通常是持久耐用的，这一点不必担心。

通常情况下，玻璃或聚酯薄膜滤光片会装裱在一个很亮眼的抛光铝制单元中，且可以很轻易地安置在望远镜的入口上，同时，一个毛毡垫片或者一组尼龙螺丝就可以保证滤光片与望远镜管之间的紧密性。在购买时，有必要了解望远镜镜筒或物镜单元的确切直径，从而确定太阳滤光片是否适合。除非指定了望远镜的品牌和型号，否则一定要测量望远镜镜筒的直径，而后再订购比该直径大几毫米的滤光片。在某些情况下，可以购买未安装支架的滤光片来放置到定做的支架上。如果你对此很在行，自己组装太阳滤光片也是没有问题的。

通过玻璃滤光片观察到的太阳通常呈现出黄橙色，这对那些对太阳黑子研究感兴趣的人来说很有利。原因在于滤光片能主要透射光谱的该片区域，[1]从而提高对比度，显示出太阳黑子半影的许多细节。虽然使用这种滤光片可以增强太阳黑子的细节，但诸如光斑和米粒组织等其他特征往往会被削弱。即使采用黄橙色的偏置滤光片，也只能看到最亮的光斑。若观测者要想看到光谱波长范围更大的太阳特征，就要考虑使用一个能透射更宽光谱范围的太阳滤光片，能达到这种目的的滤光片通常可以透过非彩色或白色的日面。

当物镜滤光片被放置在望远镜的光路上时，它就成了整个仪器光学系统中的一部分。因此，选择物镜滤光片时一个关键的因素在于，它是如何影响最终进入眼睛的输出光线或波前的。换言

---

① 指黄橙色对应的光谱波长区域。

之，滤光片对望远镜观察目标的变形程度决定了它的光学质量。高端的玻璃太阳滤光片实际上是一个制作精良的光学平面，上面沉积了一层金属涂层。滤光片的正反两面必须是平行的，否则就会出现一种叫作光劈的情况。光劈会导致滤光片像棱镜一样，产生类似于大气折射的棱镜效应，出现颜色上的瑕疵。玻璃滤光片的两个表面也必须是平坦且极其光滑的。理想情况下，这两个表面的质量至少要与望远镜里其他光学元件的质量相同。

想想"短板理论"，一个望远镜的性能取决于它最差的光学元件。当考虑视宁度的影响时，人眼并不总是能注意到滤光片对观测目标造成的畸变失真，特别是在低倍率下观测整个日面时。糟糕的视宁度条件经常会掩盖掉劣质太阳滤光片所带来的影响。当放大倍数增加且大气变得稳定时，尝试观测太阳黑子的细节，劣质滤光片的影响会变得明显。米粒组织模糊不清，微黑子近乎消失，而本应可见的细小半影纤维却被发现超出了望远镜的分辨率，这就是用劣质物镜滤光片观测所造成的后果。

由于光学平面的加工制造很困难，所以生产成本很高，与此同时，随着镜片尺寸按比例增大，生产成本也会急剧增加[①]。虽然可以用比全孔径更小尺寸的滤光片（比如离轴滤光片），但代价是分辨率的降低。也有一些廉价的玻璃滤光片是用平板玻璃或所谓的浮法玻璃制造的，但这类滤光片通常不符合光学平面的标准，当需要高分辨率的研究时，严谨的太阳观测者可能会感到失望。由于制造精良的光学平面镜片需要大量的时间和费用，所以滤光片的成本通常可以作为其质量的一个指标。

20 世纪 70 年代初，一位业余的天文学家罗杰·塔特希尔

---

① 生产成本不会像尺寸比例一样地线性增加，甚至会指数级地提高。

（Roger Tuthill）尝试使用一种新材料来制作太阳滤光片。他的产品 Solar Skreen 使用了两层镀铝的光学级杜邦聚酯薄膜，每层的厚度比人的头发丝还要薄很多倍。如此之薄的滤光片，将光学效果的降低保持在了最小限度，从而可以进行高质量的观测。Solar Skreen 滤光片主要透射了光谱的蓝端，使太阳呈现出淡淡的蓝白色。虽然有些观测者从审美角度上无法接受，但它确实明显地增强了光斑和米粒组织的对比度，也使得白光耀斑更容易被发现。另一方面，Solar Skreen 滤光片贡献了望远镜中的光散射，而大气中的蓝光散射又进一步加强了这种散射。使用装有这些滤光片的望远镜观测，会发现太阳边缘处的背景天空可能比预期中的更亮，通过在目镜处使用雷登 21 号橙色滤光片、在望远镜入口处使用 Solar Skreen 滤光片可以改善这种背景散射效应（图 3.1）。

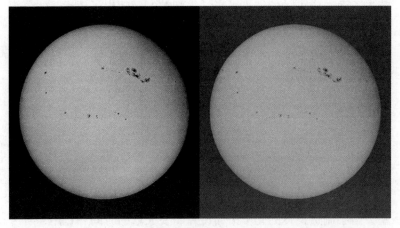

图 3.1　在这两张照片中，望远镜内过度的光散射效应清晰地呈现出来。左边的照片散射最小，背景天空很暗，日面上的细节对比强烈。右边照片的太阳是通过滤光片看到的，光散射明显。

与玻璃滤光片一样，也有几家制造商提供聚酯薄膜制成的太阳滤光片。制作聚酯薄膜滤光片的特定标准必须达到，否则会导致观测效果不佳。此外，聚酯薄膜必须是光学级别的，且具有均匀的密度和厚度。薄膜上的铝涂层，可以阻挡从紫外线到红外线范围内的光线。聚酯薄膜滤光片的成本比同等直径的玻璃滤光片要低，这为预算有限但又想直接观测的爱好者提供了可能。

20世纪90年代末，一种新的滤光片材料从德国的巴德天文馆流入市场。这种产品被称为 Baader AstroSolar™ 安全薄膜（巴德膜），它表现出了惊人的光学性能，其透射特性适用于各种太阳观测项目。虽然巴德膜不是真正的聚酯薄膜（实际被称为箔），但它在外观上与聚酯薄膜相似。其基片的性能几乎与研磨和抛光后的光学窗口一样好，而与高质量的玻璃滤光片相比，巴德膜节约下来的成本简直是天文数字。巴德膜是一个单层薄膜，两面都有涂层，以中性方式透光，也就是说，太阳通过它之后呈现出白色。将彩色或窄带目镜滤光片与巴德膜搭配使用，可以提高选定白光特征的对比度。此外，与其他聚酯薄膜滤光片相比，透过巴德膜的望远镜，可以看到其中的光散射明显减少了。

毋庸置疑，巴德膜是太阳观测领域内最成功的新产品之一。作为一种薄膜材料，尽管它的基片和涂层比其他镀铝薄膜更耐用、更坚韧，但它仍旧容易因为不小心的操作而遭到损坏。综上所述，对于太阳天文学爱好者来说，巴德膜或许是目前直接观测太阳方面最好的物镜滤光片。

说了这么多，在选择一块太阳物镜滤光片时，我们应该考虑好几个因素，从选择观测太阳什么样的特征，到手头有多少购买资金。购买滤光片的经验就是，在负担得起的情况下尽可能挑质量最好的。买回一个劣质的物镜滤光片是毫无意义的，因为即使是装在一流的望远镜上，所获得的视像也会因它发生畸变。与其他爱好者讨论一下他们用过的或正在使用的滤光片，也许是一条获得知识的最佳途径。如果能暂时借用一块滤光片，并在自己的望远镜上"试一试"，则可以立即了解到它的实用程度。当然，也可以阅读其他爱好者在各种网站和留言板上发表的评论。在清楚自己想要选择什么样的物镜滤光片后，最终再做出你的购买决定。

买回一块新的滤光片后，别着急立马对准太阳观测，我们先进行一些测试。首先，把滤光片放在眼睛和一只100~150瓦的灯泡之间，找一找滤光片的涂层是否有针孔或瑕疵。如果有的话，这些缺陷会让未经过滤的光线进入望远镜，进而可能对眼睛造成损伤。切勿使用任何出现过多针孔、划痕或涂层上有着可见的密度不均匀区域的滤光片。而对于只有几个微小针孔的滤光片，则可以用不透明的 Sharpie 记号笔或黑色油漆涂抹在滤光片的内侧，这样并不会对滤光片造成任何的损坏。特别是在新的滤光片上，如果小瑕疵过多，就表明它的涂层制作得并不好。

如果物镜滤光片看起来没有任何问题，就可以把它安装在望远镜的入口处。安装滤光片时，必须保证它不会被意外地从望远镜的末端碰下来。如果存在偶然被碰掉的可能，可以用胶带将滤光片固定在原处。在滤光片安装好后，用望远镜在地面上的投影或寻日装置来引导望远镜指向太阳。

以下的额外测试应该在视宁度和透明度都很好的一天中展开。用一块能显现整个日面的低倍率目镜，去观察太阳周围的朦胧程度。如果天空是蓝色的，当你伸出手指挡住太阳时几乎没有什么光线在周围散开，但通过望远镜却能看到日面周围有明显的雾霾，这很可能就是滤光片散射了过多的光。这或许是滤光片的制造缺陷造成的，也有可能只是滤光片固有的质量问题，尤其是聚酯薄膜滤光片容易出现这样的问题。现在，换成高倍率的目镜，在视场中将一个小的黑子本影置于中心。慢慢地从焦点内侧的一点移动到外侧的一点，期间注意这个黑子的形状是否发生了改变，实际上它应该对称地聚焦，也就是说，在移动的过程中保持其圆度不变。如果它在焦点的一侧被横向拉长，而在另一侧却又向纵向延伸，这就表明出现了像散问题。这种缺陷只有在使用玻璃滤光片时才会出现，这也表明了该滤光片的光学质量很差，或者它可能被紧紧地夹在光学组件里了。移除滤光片，在某个晚上用相同的望远镜和目镜组合，在一颗恒星上再做一遍这样的测试，以确认到底是望远镜还是太阳滤光片的问题。如果滤光片是罪魁祸首，那就要将其更换。

物镜滤光片在不使用时应存放于一个干燥、无尘的盒子或容器中。既可以放在瓦楞纸箱中，也可以放在带扣盖的塑料容器中。如果要清洁滤光片（迟早会需要清洁的），可以先用软棉球、气刷或者用一罐压缩空气轻轻地擦拭掉灰尘或污垢。如果觉得不够干净，还可以用镜头清洁液，配合软布或棉球轻柔地清理。也可以用温和的洗涤剂和蒸馏水来清洁巴德膜。在清洁时，一定要小心，切勿损坏涂层，并在重新投入使用前检查滤光片是否有针孔和划痕。对于聚酯薄膜滤光片的清洗，最好只用软毛刷或压缩空气，因为它的涂层特别脆弱。

有几家物镜滤光片制造商提供一种带有较薄抑制涂层的产品，该涂层可以增加滤光片的透光率。对于直接的光学观测来说，这些滤光片并不安全，但对于摄影来说，它们却很理想。透光率的增加使摄影师可以在拍摄时用更快的快门速度，有效地"冻结"

住湍动的视宁度，并控制照片中的大气污点。摄影用滤光片会透过大量的光线，因此在实际使用时，还需要再加上雷登滤光片或者干涉型滤光片，以组成滤光组块。在使用低密度物镜滤光片进行摄影时，首选的最安全的方法就是配备一台具有离机视频监视器的数码相机。

赫歇尔光劈

在物镜滤光片出现之前，一个小角度的棱镜是许多太阳观测者所收集配件中的一个重要部分。这种装置被称为太阳棱镜观测镜，俗称赫歇尔光劈。在19世纪初，威廉·赫歇尔的儿子约翰·赫歇尔提出了用一块薄薄的楔子状或棱镜状的镜片来反射太阳光线的方法，这种方法会让大约5%的太阳入射光线进入到望远镜的目镜中。在棱镜和目镜之间放置一个二级滤光片，可以进一步将光线减弱到安全水平。这项技术之所以有效，是因为反射到目镜中的唯一光线来自棱镜的前表面，一小部分热量和光线会在棱镜内被吸收掉，余下的90%~95%的热量和光线从棱镜的背面穿过。此外，也不会存在进入目镜的二次反射，因为棱镜的角度（10度）恰好能阻止鬼像的发生。

牛顿式反射望远镜经过改造，使用了赫歇尔光劈作为对角镜，但有一些恼人的麻烦。由于太阳95%的光和热都是从棱镜的后表面透过，所以在牛顿式望远镜内会产生不想要的反射和小块区域的热空气。出于同样的原因，折反射式望远镜不适合用于太阳投影——其内部的热量很可能对望远镜造成损坏。但对折射式望远镜来说，其直通式的设计非常适合使用赫歇尔光劈。

有几家公司生产用于个人望远镜的棱镜观测系统，Baader

Planetarium 和 Intes 就是其中两家著名的经销商。这两家的产品中都有一个滤光片套件，包括合适的中性密度（ND）滤光片，且在观测太阳时必须与赫歇尔光劈一起使用。由于棱镜被安置在天顶镜上，并且角度被设置成所谓的"Brewster 角"或"偏振角"，因此图像亮度可以通过在目镜和光劈之间添加一个偏振滤光片来调整。一些业余爱好者还会选择在这套设备中额外插入一个红外抑制滤光片作为安全缓冲。同样，在使用这些配件时，一定要遵循制造商提供的使用规范。

通过赫歇尔光劈观察到的太阳白光，从颜色上看是没有污染的。在雾霾少的日子里，太阳清晰且对比度高，同时望远镜视野内的天空背景也是黑色的。之前提及的一些产品可以与孔径 180 毫米以下的折射镜放在一起长期使用，而棱镜却不会因为热量而损坏。尽管如此，我们还是建议在观测过程中定期冷却望远镜，尤其是在考虑要进行为期一天的观测"马拉松"时。具体的话，可以通过每隔一段时间将望远镜远离太阳 5 至 10 分钟来实现望远镜的冷却。

因为来自太阳 95% 的能量是通过赫歇尔光劈的背面排出的，所以必须注意防止眼睛、手指等暴露在这些光线下。前面所提到的商业装置会使用有效的光俘获系统来消散热量和光线，从而防止意外的燃烧或伤害。也有一些自制的对角镜被密封在一个金属盒里，盒子的后面有通风孔，即使这样，在观测时这些盒子也会变得很热以至于碰都碰不了。总之，对缺乏足够的通风设计的观测装置都要保持谨慎。

3.4 附加滤光片

太阳观测者经常将彩色玻璃目镜滤光片与安全直视滤光片结合使用，以增强白光特征的对比度和可见度。前面我们提到，玻璃物镜滤光片主要透射的是在光谱黄色/橙色区域的光线，适用于太阳黑子的研究。而偏向于蓝色区域的聚酯薄膜滤光片，则对光斑和米粒组织的观测效果更好。无论哪一种滤光片，在其中加入彩色玻璃滤光片，通过进一步缩小透射到眼睛里的光谱带宽，都能加强各自观测白光特征的效果。但务必记住这一点：任何目镜滤光片都不能单独用于太阳观测，只能作为安全的太阳滤光片的额外补充。

玻璃目镜滤光片的色相（hue）和色度（shade）似乎有着无尽的组合形式，但目镜滤光片有一套标准的标识系统，采用的是雷登编号。20 世纪初，伦敦的摄影家弗雷德里克·雷登（Frederick Wratten）设计出了雷登滤光片，最初的目的是让新发明的全色胶片能够拍摄特定颜色的光线。雷登滤光片的标识系统是通用的，因为同一编号的滤光片特性在不同的制造商之间几乎是相同的。常见的滤光片有 11 号（黄绿色）、21 号（橙色）、25 号（红色）和 56 号（浅绿色）。大多数高质量的目镜制造商都为自身的产品提供了滤光片。标准的目镜和滤光片有两种尺寸，分别为 1/4 英寸①和 2 英寸。每种尺寸都可以安装一台构造适当的聚焦器。如果你使用较大的 2 英寸镜筒，那么目镜滤光

---

① 1 英寸约为 2.54 厘米。——编者注

片就可以用标准的 48 毫米相机滤光片来代替。几乎所有的情况下，彩色玻璃滤光片都可以拧入目镜镜筒的底部。

吸收光线是一块简易玻璃滤光片的基本功能。通过镜片的光线，其中一些特定波长的光线被全部吸收，而其他波长则直接通过。除了减少透射的光线总量外，通常彩色滤光片的色度越密集或者越暗，滤光片在某一特定峰值波长附近的"截止"或透射就越严格。在传输峰值波长两侧通过的光量被称为该滤光片的带宽。吸收滤光片是一个宽带设备,通常能通过几百埃（1 埃 = 0.1 纳米）或者更多的光。吸收滤光片并不是为了显示单色特征，如日珥或耀斑,它能做的是提高有着相对较低对比度的白光特征的可见度。

如果仅仅针对光学研究，较浅的色度是最有用的。较深色度的滤光片虽然更有效，特别是对摄影来说，但在光学上会产生太暗的视野，使观测变得困难。表 3.1 列出了白光观测中常用的雷登滤光片，以及它们对太阳外观的影响。虽然有些滤光片只在与红色或蓝色的偏置滤光片配合使用时才会有特别好的效果，但如果与传输中性或白色外观太阳的主滤光设备搭配使用，那么所有滤光片都是合适的。

红色的目镜滤光片，如 25 号雷登滤光片，能让太阳黑子本影变暗，从而使其在日面中显得更加突出。对于对太阳黑子计数感兴趣的观测者来说，这是一个很有帮助的工具，可以找到本影中薄弱的剥离部分,处于早期发育阶段的本影以及微黑子。此外，观测者也熟知红色滤光片可以增加太阳黑子半影内的对比度，在半影的纤维状结构中出现的条纹或磁结会被放大，从而使这些特征更加明显。

表 3.1　用于太阳观测的不同的雷登滤光片

颜色	雷登编号	应用
暗红	29	红色和橙色滤光片增加了太阳黑子半影中的磁结和径向条纹之间
红	25A	的对比度。
浅红	23A	
橙	21	
黄	11	黄色滤光片是中性、全能型滤光片，可减少色差。
浅绿	56	绿色滤光片提高了米粒组织和光斑的可见度。
绿	58	
暗绿	61	
蓝	47	蓝色滤光片有助于看到比正常情况下离边缘更远的光斑。

　　使用绿色透射滤光片可以改善对太阳其他特征的观测，比如光斑和光球层的米粒组织。56 号或 58 号滤光片会使靠近日面边缘的光斑变得更亮，而使周围的光球层变暗。虽然米粒的观测得以改善，但如果碰不上优越的视宁度条件，仍然难以发现。至于光斑，除非异常强烈，否则在日面深处几乎无法看到这一特征。大多数光斑靠近太阳边缘，多见于太阳黑子区域内，而深蓝色的滤光片，特别是 47 号雷登滤光片，对观察靠近日面中心的光斑很有益。47 号滤光片与视觉上安全的太阳设备相结合，可以创造出一颗"深紫色"的太阳。随着成年人年纪的增长，我们眼睛会对这部分光谱的敏感性降低，这增加了我们看到紫色光的难度。因此，如果你发现在该光谱区域拍摄一些太阳特征比肉眼看到更容易，请不要感到惊讶。

　　观测者如果使用宽带滤光片，则有更多机会获得接近 1 角秒的望远镜分辨率。回顾一下第二章中有关视宁度条件的内容，当你距天顶超过 25 度进行观测时，大气折射就会大于 1 角秒。将一块宽带滤光片放入望远镜，就可以去除任何由大气折射造成的附加颜色，而窄带滤光片对此甚至更为有效。

宽带滤光片可以透过太阳光谱中的大部分光，这个范围通常超过几十纳米，而窄带滤光片只能通过光谱中最窄的那部分光。窄带滤光片最常用于单色观测。单色的字面意思就是指一种颜色。窄带滤光片能够显示日珥和色球层的活动，它对所能通过的光线也是非常有选择性的。基于光的干涉，这种滤光片在单色特征最亮的区域，即它的发射区域内传播光线。窄带滤光片的带宽约为0.1纳米，而且往往远远小于这个数字。

在宽带和窄带之间，有一类滤光片，其工作原理与窄带滤光片相同，但所能通过光的带宽小于10纳米、大于1纳米。尽管它对光的选择性不够强，无法进行大规模的色球层观测，但这一类滤光片在增强光球特征的对比度方面特别有效，而且在有限的范围内可以观测到光球层上方的Ca-K活动。

Baader Planetarium经销着市场上的太阳连续谱滤光片和Ca-K线滤光片。连续谱是一个术语，用于定义一个物体所发出的所有颜色的组合。就我们的太阳而言，它的连续谱类似一个白光视图。巴德的太阳连续谱滤光片可以通过一个10纳米的带宽，该带宽在太阳光谱绿色部分540纳米的波长附近。科罗纳多（Coronado）发布了一个与之类似的Fe XIV目镜滤光片，其带通中心在530纳米附近。因为在这个波长附近的发射与太阳光斑相关，所以这些滤光片是有效的。许多光学滤光片制造商也生产不同波长的带通滤光片，而且它们有着各式各样的带宽。带通中心在520~540纳米附近、带宽为10纳米或更小的绿色滤光片对前面提到的特征特别有效。市场上销售的目镜滤光片与直接从光学制造商那里获得的滤光片之间的区别是，后者没有螺纹，无法将其安装到目镜上。通常情况下，可以将直接从制造商那里购得的带通滤光片放在旧的螺旋式滤光片外罩中，实现二次利用。

　　Baader Ca-K 线滤光片是一种以 395 纳米为中心、带宽相对较宽（8 纳米）的滤光片，它能显著增加 Ca-K 特征的对比度。但这种特殊的滤光片只建议用于摄影，因为观测者的眼睛可能会受到高紫外线照射。实际中，会将它与 Baader 低密度（摄影版）白光物镜滤光片搭配使用。

　　另一种有趣的滤光片是能通过所谓 G 波段光线的滤光片，而 G 波段位于光谱的蓝色部分。约 430.5 纳米处是 G 波段的谱线组，这些谱线在耀斑活动期间会进入发射状态。使用以 G 波段为中心且带宽不大于 10 纳米的滤光片，配合摄影或其他录像观测的手段，将会提高观测者在太阳连续谱中找到太阳耀斑的可能。这些白光耀斑，正如本书后面所讨论的，是相对罕见的太阳事件。

3.5 | 专用望远镜

　　一架专门为观测白光太阳而制造的望远镜，其设计特点反倒限制了它在其他天文学领域的用途。尽管这对普通的天文爱好者来说可能是个缺陷，但这样的望远镜在观测太阳时却能拥有卓越的性能表现。

　　市场上有一些专门用于白光观测的望远镜，这些可用的望远镜与标准的望远镜系列有所不同，主要是其主透镜（折射镜）外表会被镀上一层金属合金，而这些金属合金能用于制造玻璃物镜滤光片。将物镜变为太阳滤光片是保证安全的一种方式，这样在观测时，滤光片绝不会意外地从望远镜上掉落。此外，移除外部的玻璃或薄膜基片也有益处，因为这样做可以消除光路中可能会使太阳发生畸变的一个因素。

　　对于快速观测太阳活动以及观测部分阶段中的日食或者对诸如太阳黑子计数这类统计研究感兴趣的观测者来讲，专用望远镜确实很方便。现有商用仪器的一个限制是孔径，实际上也就是分辨率。尽管这些望远镜通常只有一个直径不超过102毫米的物镜，但这与所需的1角秒分辨率相差无几。物镜上的抑光涂层密度为5.0，对光学研究来说是安全的，但如果观测者之后对摄影产生兴趣的话，那就不太理想了。诚然，对于非正式的太阳观测来说，这些都是很棒的望远镜，任何爱好者都可以将它们拿来扩充自己的收藏。

　　如果你喜欢搭建属于自己的设备，有好几种很受欢迎的设计。接下来，我们会对其中的几种加以强调，以展现这些设计的可能性，希望借此抛砖引玉，激发出你的兴趣。

多布森太阳望远镜

20 世纪 60 年代，旧金山的路边天文[①]学家约翰·多布森（John Dobson）设计了一种牛顿式反射镜的变体，其中包含了独特的观测安全功能，这是其他望远镜所没有的。这种被称为多布森太阳望远镜（Dobsonian Solar Telescope，简称 DST）的仪器，多年来广受望远镜制作爱好者的青睐。在大多数情况下，这种仪器以低倍的放大率来观察白光太阳，适用于太阳黑子计数或者探测日面的外观变化。

标准的多布森太阳望远镜使用了平板玻璃制成的单向镜片（可在镜片经销商处购得），并将其作为望远镜入口处的物镜滤光片，同时物镜滤光片会部分地镀上铝。业余爱好者要想获得更高质量的观测视像，会更希望用一种抛过光的玻璃来代替平板玻璃，抛光玻璃经过部分地商业镀铝处理，可以达到必要的透射率水平（5%），这么做是因为典型的平板玻璃所引起的波前误差大小完全取决于运气的好坏。单向镜片的前板与未镀铝的主镜成 45 度夹角。当镜片的镀铝面朝向主镜时，镜片的后侧则作为牛顿式反射镜中的对角镜，将光引向望远镜镜筒一侧。这就是 DST 能发挥其独特安全观测功能的奥妙所在——如果镜片前板以某种方式发生移位或断裂，望远镜就会有效地关闭，并且无法继续操作。对比其他标准的牛顿式望远镜，如果正常的物镜滤光片出现移位

---

① 路边天文（Sidewalk astronomy）又称街头天文（Street astronomy），是指在城市的街道上设置光学望远镜，在牟利或非牟利的基础上，从事娱乐或公众教育行为的活动。

或损坏现象，这些望远镜仍旧会继续透射光线，而 DST 却是唯一具有这种安全功能的太阳望远镜。

太阳光透过入口处的平板镜片变得柔缓，而经过无涂层的主镜反射后，能再减少 4%~5%。DST 的目镜前有一块大小适宜的电焊工护目镜片，它使得可见光变暗，并能去除我们不想要的红外和紫外光线。这是唯一可以在望远镜中使用电焊工护目镜片进行太阳观测的情形。千万不要将护目镜片（即使是 14 号电焊工护目镜片）放置在没有事先削减过热量和光线的目镜前，因为这样做会使滤光片开裂！至于护目镜片的色度选择，从 14 号（最暗）到 2 号（最亮）都是可用的，具体取决于前面单向镜的投射特性。观测者需要做一些实验从而挑选出一个正确的滤光片色度。在一个典型的 DST 中，对于能投射大约 5% 入射光线的单向镜片来说，电焊工护目镜色度大概是 7 号或 8 号。

何为典型的 DST ？一般而言，典型的 DST 构造为 150 毫米的孔径和 f/10 的焦比。孔径往往受到大气视宁度条件的限制，不能做得更大，而长焦距提供了干净且清晰的太阳图像。一个 f/10 的主镜可以保持基本的太阳球面形状，如此一来，个人研磨属于自己的镜片结构将变得较为简单。DST 的前单向镜片很沉重，因此需要一种创造性的方式去平衡镜筒，具体的做法是在主镜末端附近增加配重。为了减少望远镜内光线的散射，通常建议在主镜支架周围设置挡板。如果镜筒比主镜大一点，则会最大限度地减小影响视宁度的内部气流。通常情况下，DST 被安装在一个木制的地平经纬仪摇杆箱上，这样的布置可以方便地来回移动望远镜，同时只需要极小的空间便可以存放望远镜。

我用过几个这样的望远镜去观测太阳，结果证明，和搭配了标准白光物镜滤光片的典型牛顿式望远镜相比，制作得较好的

DST 的观测结果完全可以与其媲美。对于希望有一台专门用于观测白光太阳仪器的望远镜制作者来说，多布森太阳望远镜是一个理想的选择，安全和方便是它的优点。

摄影用途的牛顿式望远镜

对业余爱好者来说，如果想要一台能对太阳进行高分辨率成像的望远镜，那么这台由资深太阳摄影师阿特·惠普尔（Art Whipple）定做的望远镜非常有启发作用。该望远镜完全符合专用的摄影模型，整体是由一块未镀铝的全厚耐热抛物面镜构成，孔径为 203 毫米，焦比为 f/10。与多布森望远镜一样，主镜只反射了 5% 的太阳入射光线，虽然使得亮度大大降低，但却不足以进行直接的光学观测。

惠普尔利用白色表面能反射热量的原理，设计了一个牛顿式望远镜，并进行了优化，以便尽可能减少影响视宁度的干扰条件。镜架被涂成了白色，也是为了尽量减少热量的积聚，否则会让主镜的成像发生畸变。而中空开放式的桁架消除了任何可能干扰波前的内部气流，虽然这种设计产生的光散射较大，但单一的黑色内表面可以把散射保持在最低限度，并且图像的对比度也能控制在可接受的水平上。此外，一个标准的镀膜牛顿式对角镜同样可以用来消除光学系统中的热量积聚。

这台望远镜上没有观察用的目镜，而是用完全电子化的方式巧妙地代替了目镜。其中的遥控聚焦装置包含了一个直径为 2.3 毫米的视场停止或光阑，以防止任何无用的光线进入光学成像元件，这也是另一种遏制散射光的方法。从微缩胶卷打印机上拿下一颗焦距为 16 毫米的投影镜头，用它能将主像尺寸放大到衍射性能的上限。惠普尔还使用了一台型号为 Pulnix TM-72EX B/W CCD 的相机作为望远镜末端上的探测器，而在到达探测器之前，太阳光线要通过一个带宽为 9 纳米、中心波长为 520 纳米的干涉滤光片。

回转、聚焦、图像采集和视场追踪都是在望远镜附近的一个封闭控制室里完成的，能够从一个单独的地方控制望远镜，一定程度上为观测提供了便利，同时能将另一个热干扰源，也就是观测者从仪器的附近挪开。

注意覆盖在成像装置上阻止光和热的保护毯，这样做是为了控制局部的热效应。太阳观测者要想在成像方面如愿以偿，必须有意识地去努力优化设备并改善局部的视宁度条件，才能像这台望远镜一样，取得不错的成果，最终不负这些努力。

3.6 ❘ 结束语

　　无论你是改装传统的望远镜，还是购买专门用于白光观测的望远镜，抑或是自己动手制作一个专门的太阳望远镜，成功观测太阳的关键在于相对简单但制作精良的中等孔径光学元件。

　　在太阳观测中，图像畸变、散射光以及光学元件和机械部件的升温会对望远镜的输出成像产生极大的破坏。由于许多太阳特征的相对对比度很低，这些负面影响往往会直接淹没掉透过望远镜看到的东西。要想观测到太阳的精巧细节，就需要一个能够接近自身理论分辨率的光学系统。但是，一个光学系统中存在的组件越多，越容易引入如散射光、像差等这样的负面因素。这就是折射式望远镜对太阳观测者来说是首选望远镜的原因之一 —— 仪器结构越简单，问题越容易得到控制和解决。

　　因此，对任何用于严谨的太阳研究的望远镜，其最终目标就是保持望远镜的简单并不断地优化它，以便提供清晰锐利且对比度高的图像。任何望远镜设计如果遵循这些标准，那么太阳观测者便能够享受这场视觉盛宴 —— 这颗离我们最近的恒星上发生的活动。

第四章

白光太阳特征

4.1 ┃ 冒泡的"热汤"

在有关太阳观测的任何陈述中，只有一点是千真万确的：太阳唯一不变的是它在不断改变。这听着是不是让人有点疑惑？然而事实就是这样。简单地说，我们的太阳一直处于一个不断变化的状态。即使是在太阳活动最弱的时期，太阳也像一锅冒着泡的热汤一样翻滚着。米粒永远在出生和死亡，形成的微黑子有时会成长为壮观的太阳黑子，然后逐步衰退又化为虚无。因此，事实便是，在任何特定的一天，太阳上都会出现一些雄伟的新事物，而且经常发生。于是，在这里再向大家"唠叨"一遍：为什么天文爱好者如此喜欢观测太阳？因为每位观测者的每次观测都是独一无二的，是专属于自己的，并且永远无法复现。

太阳的表面是我们称之为光球的那一层，光球的字面意思是"发光的球面"。光球层上的太阳黑子是白光太阳最明显的特征。太阳黑子是在一个特定的纬度区域内形成的黑暗斑点，并随着太阳绕其轴线旋转，它们的位置每天都在改变。在白光观测中，观察太阳黑子每日的成长是比较有趣的活动之一。有时，在太阳黑子中会出现一个明亮的特征，该特征被称为亮桥，会将黑子分成好几个部分。亮桥偶尔会被误认为是一个白光耀斑的瞬时事件，一个大的亮桥往往昭示着太阳黑子生命终结的开始。当太阳黑子群从东侧边缘出现时，或者当它绕过太阳背面时，偶尔会看到一种苍白且纤细的"云状"特征，这样的特征叫作光斑。

对太阳进行白光观测并不需要多么昂贵尖端的设备，只需在望远镜上新增一个简单的投影屏幕或是一块白光物镜滤光片，一个安全的观测站点就准备好了。此外，还需要观测者留心细节，因为许多太阳特征的对比度都很低，结构也很精细。耐心等待着良好的日间视宁度条件是非常重要的，同时，了解与太阳相关的知识以确定哪些特征是可见的，这方面也是不可或缺的。

4.2 太阳方位

　　探险家在开始旅行之前，往往会先去了解一下探险地区的布局和当地的方位信息，以及指向东西南北的路有哪些。这对太阳的一切探索活动同样适用。与其他探索者分享自身的探索经历是太阳观测爱好者的动力之一，但为了更好地分享，除了分享你所观察到的东西，告知他人你在哪里也是必要的。

　　在地球上，指南针的方向是相当容易理解的，如果一个人面朝北极，那么北半球的天体似乎就会围绕着北极在旋转，而南方就在你的身后，东方在你的右边，西方在你的左边。由于地球的自转，从地球上看起来太阳像是从东方地平线上升起，并在西边落下。

　　同样，倘若你想象一下日面在天空中出现的样子，那么在太阳上定义方向也不是件困难的事。换言之，太阳的北半部分朝向北天极，另一半的南部区域就指向南天极。太阳的东西边缘也是以类似的方式定义的，太阳的东侧边缘面向地球的东地平线，西侧边缘则面向西地平线。

　　透过一架固定式望远镜，太阳的西边缘会首先"飘"入你的视场，并且伴随着太阳的旋转，特征会消失在西侧边缘的后面。反之，太阳的东侧边缘将最后淡出望远镜的视场，而特征则首先从东侧边缘后面出现。

　　通过望远镜还可以确定太阳的北方和南方，方法是轻轻地将仪器向北或向南①推动，与此同时注意着太阳的运动，比如，当你向北轻推望远镜时，太阳的南半球将开始离开你的视场。

此外，我们还需要理解天体之间的方位关系。由于黄道②会与倾斜的地轴构成一个夹角，所以从地球上看，太阳在一年里像是在天空中倾斜与晃动。依据观察的日期可以得出，太阳真正的北极或南极，也就是它旋转的轴线，朝向或远离我们达7度15角分，且向东或向西倾斜达26度21角分。

虽然有些观测活动只需要知道太阳上东西南北的大致位置，但对于严谨的观测者来说，精确的方向就很有必要了。本章后面将进一步讨论太阳的准确方向，届时日面坐标会变成讨论的主题。

---

① 这里指地球上的南北方。
② 黄道指太阳在天球上的视运动轨迹。

4.3 活动区

当太阳的一片区域内包含了一个密闭、临时的现象，如太阳黑子、谱斑、光斑或耀斑这样的太阳现象，那么这片区域就被称作活动区（Active Regions，简称 AR）。所有活动区的形成都是因为该片区域内受到强大的磁场影响，并且太阳天文学家在光球层中观察到的许多东西都与活动区有关。

为了维护一个太阳活动的记录系统，天文学家设计了一个编号方案，该方案于 1972 年 1 月 5 日开始生效。从那时起，每探测到一个活动区，就会给这些活动区分配一个连续的四位编号（即 2054、2055、2056 等这样的编号）。美国国家海洋和大气管理局得到美国政府授权，负责为每个新事件分配一个"AR"号码，比如一个活动区的典型名称可能是"AR6092"。有时，一个太阳事件可以持续几个太阳自转周期，在这种情况下，活动区每次出现都会被赋予一个不同的 AR 编号，但由于 AR 编号只能有四位数，一个问题便自然产生了，"当活动区的编号超过 9999 时，会发生什么？"在 2002 年 6 月 14 日这种情况确实发生了，当时观测到了编号为 AR10000 的活动区。而对应的解决办法是，保留四位编号的顺序，仅忽略掉新出现的第五位数，例如，AR10165 变为 AR0165。

利用互联网上的资源，太阳爱好者能够确定所有活动区所分配到的编号。有几个网站提供了太阳的每日图像，同时还在图像上叠放了当前可见活动区的识别编号标签。我经常访问的一个站点是夏威夷大学密斯太阳天文台（Mees Solar Observatory）的网页，该网页提供了每天的太阳活动区分布图，以及整个日面的白光和单色图像，早期的图像和分布图档案对研究以往的活动中心非常有帮助。

4.4 ┃ 太阳自转

正如本书之前所讨论的，太阳并不是一个固体，而是一个由气态的等离子体组成的天体。由于这一特性，内外层的旋转是不同的，很类似于液体旋转时的情形。这就导致太阳的赤道区域会比两极附近更早地完成一次旋转。如果我们从太阳北极的正上方看向太阳，则太阳是以逆时针方向自东向西旋转的。

太阳自转周期分为两类，分别是会合自转周期和恒星自转周期。会合自转周期是指从地球上直接看到的太阳自转一圈的周期，但这不是一个准确或真实的太阳自转周期，因为我们的参照物（地球）在太阳自转时，也在沿自身轨道运行。而恒星自转周期是指从太空里的一个固定位置看向太阳时，太阳上的某一点完成一次自转所需要的时间。

将某个太阳黑子作为标记点，可以看到它在赤道附近花费25.38天完成了一次恒星自转。而一个位于赤道两侧30度的黑子则大约需要27天，如果位于极地，将超过30天。倘若采用会合自转周期，则平均周期为27.28天，并且由于地球轨道上的偏心率，这一数值全年都在变化。

天文学家通过太阳的自转来定义太阳的时间段，因而通过了解太阳事件是在哪个自转周期内发生的，就可以知道前面编号例子中 AR10165 与原本 AR0165 活动区之间的区别。自转周期是基于理查德·卡林顿于19世纪50年代在格林尼治天文台的观测而得出的，卡林顿自转序号确定了太阳自转的平均周期为27.28天，每一次新的自转都是从太阳0度经线越过从地球上看到的日心子午线时开始算起。卡林顿是英国的一位天文学家，他花费了数年时间研究太阳黑子的准确位置，并根据这些信息计算出了太阳在不同纬度上精确的自转速率。有关卡林顿自转的开始以及持续时长的信息可以在网上找到，甚至在每年公布的大量天文年历中也会出现。

4.5 太阳活动周

1826 年，在一个原本旨在发现水星轨道内行星的项目中，德国药剂师萨缪尔·海因里希·施瓦贝（Samuel Heinrich Schwabe）开始观测起了太阳。只是出于小小的好奇心，他通过排除法观测到了太阳黑子。因为这位药剂师始终没能发现一颗水内行星，所以这样的搜索有条不紊地持续了好几年，尽管如此，但他的发现还是让所有人都大吃一惊。从例行的搜索中，施瓦贝认识到可见的太阳黑子数量具有周期性，太阳活动所呈现出来的强弱盈亏是显而易见的。他公布了自己的发现，宣称太阳活动有着一个周期为 10 年的循环模式，而进一步的观测证实了他的结论。

经过几十年的持续研究，太阳黑子或太阳的活动周期为 11 年已成为一个公认的事实。虽然说是 11 年为一个周期，但实际上这只是一个近似值，以往的周期从 8 到 14 年不等，统计平均值约为 11.1 年。同样，每个太阳活动周也会被赋予一个编号，就像太阳的活动区和自转一样。天文学家将从 1755 年开始到 1766 年左右结束的太阳活动周称为编号 1 的周期。随后的太阳活动周被很好地记录了下来，为太阳活动的历史提供了一个宝贵的数据库。

在太阳活动周期的开始阶段，太阳在大部分情况下是安静的，此时叫作太阳极小期。反之，则为太阳极大期，彼时太阳黑子和其他活动相对丰富。一个周期内，太阳活动的起伏程度并不是均衡的。平均而言，太阳极小期之后的活动需要大约 4.8 年的时间达到顶峰，然后再经过 6.2 年的衰减才能再次回到极小期。太阳天文学家尝试过预测每个新太阳活动周持续的周期和强度，然而很难获得准确的预测结果，这表明了在太阳活动中还有我们仍不了解的机制在起着作用。

当一个太阳活动周开始时，太阳黑子首先会出现在远离赤道的高纬度地区。随着时间的推移，太阳黑子的数量每日都在增加，新的黑子逐渐出现在赤道地区附近。最终，当一个周期结束时，新的黑子又开始在高纬度地区出现，这标志着另一个全新太阳活动周的开启。

太阳黑子是一种磁特征，具有正负两个极性。在一个特定的太阳活动周中，无论是太阳的北半球还是南半球，太阳黑子的极性排列都是一致的，在所有的双极群中，前导黑子①在双极群中为正极性，而后随黑子（F黑子）为负极性。有趣的是，在同一太阳活动周中，一个半球上太阳黑子的极性与另一个半球上的相反，也就是说，前导黑子是负极性的，后随黑子是正极性的。当一个新的太阳活动周开始时，会发生一个更有意思的现象，那就是磁场的反转。因此，每个半球上的黑子都会在下一个太阳活动周开始时，变换极性，而一些天文学家会把这种磁场的极性反转现象作为判断新太阳活动周开始的标准。

要想使磁极恢复到初始的状态，需要两个太阳活动周，这种太阳磁场的互换并恢复到初始状态的过程就称为磁周，磁周的平均周期为22年。

---

① 前导黑子也被称为P黑子。

4.6 临边昏暗

高悬在天空中的太阳有一种立体的效果——太阳中心看起来更亮，在径向上，从中心到边缘越来越暗。当我们看向太阳核心时，所观察到的这种梯度效应就叫作临边昏暗，某种程度上它是温度上升的结果。由于相对于中心，外层的温度较低，因此肉眼看起来比较暗。同样重要的是，当观测者观测太阳边缘附近时，并不会像观测太阳中心那般深入仔细。随着靠近边缘的气体不透明度累积，因而在观测边缘时所形成的夹角会进一步减弱我们的感知深度。由于这种不透明度，太阳中心的温度更高，看起来更亮，天文学家也能在中心看到太阳更深处的地方。

透过整个光谱，临边昏暗不是一个统一的效应。当在红外波段观测时，实际上并不可见。而当靠近紫外波段时，很明显能看到边缘附近的变暗现象。在极紫外波段下，边缘反倒比太阳中心更亮，这种效应被称为临边增亮，然而这超出了天文爱好者的观测能力。

4.7 米粒组织

在整个光球表面上，有一种称为米粒组织的纹理模式。米粒组织是拉丁语中"granulum"的衍生词，意为颗粒、细粒。当观测者看到米粒组织的样貌时，会联想到谷粒、玉米粒或其他几何图形的外观，其中还包括多面形或椭长的结构特征。不管它们的形状如何，米粒组织的每个组成部分都叫作米粒。米粒都非常小，并且有低对比度的特征，因此需要在最佳的视宁度条件下才能持续观测到它。据估计，在任一时刻，都有大概 200~300 万个不同的米粒覆盖在太阳表面。

米粒起源于太阳对流层的深处，并随上升的气体最终来到顶部。在对流层中，对流是热传递的方式。炎热的等离子体上升到太阳表面，并释放出能量。然后，随着等离子体冷却，它会沿着所谓的米粒际壁或米粒际带流回至太阳内部。米粒际壁决定了米粒的形状。由于回流物质的温度很低，所以米粒际壁看起来很暗。米粒的直径通常为 1~5 角秒，平均直径约为 2.5 角秒。虽然在太阳上米粒看上去很小，但是如果把它们放在地球上，这些直径近 1100 千米的物质和一些国家面积相当。

米粒的亮度不一，有些看起来很暗淡，有些看起来却较为明亮。单个米粒的寿命为 5~10 分钟，虽然也发现更大的米粒寿命更长，但仅在一两分钟后它的外观就会发生明显的变化。

在靠近日面中心时很容易看到米粒组织，然而接近太阳边缘时想要观测到它们就变得困难了。如果要对米粒组织进行有效的研究，那么一台孔径不小于 125 毫米的望远镜是必需的。我依稀记得第一次观测太阳米粒组织的场景，我用了一台 150 毫米牛顿式望远镜。那天早上，天空非常宁静，米粒图案特别突出，即使在 25 倍的低倍率下观测，整个日面都浸满了细粒状的纹理特征。考虑到绿光可以增强太阳米粒组织的对比度，所以使用附加滤光片对观测大有帮助。

米粒寿命短，加之必要的近乎理想的视宁度条件，因此对天文爱好者来说，对太阳米粒组织的深入研究是一个困难的命题。除此以外，在米粒短短几分钟的寿命内，还需要对其形状、大小和亮度的变化保持敏感。而这些要求都可以通过视频拍摄技术来满足，该技术在米粒的估计寿命内能捕获数百至数千张图像。通过从视频中摘选出最精细的图像，观测者可以将一系列照片甚至是延时影像组合起来，描绘出昙花一现的米粒。

4.8 光 斑

通常在太阳黑子的附近会有一个明亮的、云状斑块或脉络状条痕的物质，被称为太阳光斑。光斑，顾名思义，指的是明亮的斑点。尽管所有的太阳黑子群都与光斑相关，但并非所有的光斑都有太阳黑子伴随。光斑区是太阳黑子群的前身，如果磁场太弱，不足以形成太阳黑子，那么只会保留下光斑区。太阳黑子是一片大的、看起来很暗的强磁场区域，而光斑则是一片小的、米粒状的弱磁场区域。太阳表面出现的明显凹陷，就是对流受抑制的一个特征，其中也包括那些强度较小的对流。此外，威尔逊效应[①]就是太阳黑子中这方面的例子之一，光线通过这个所谓的凹陷的"侧壁"射出来，就形成了光斑。

由于光的散射存在，光斑会比周围的光球看起来更亮些。并且靠近太阳边缘处，在临边昏暗的映衬下，明暗对比加强，光斑会显得更加突出。然而，越接近太阳中心，光斑在太阳连续谱中就越来越难看到。此时，如果有偏蓝光的物镜滤光片或者能透过绿/蓝色的附加滤光片，则能加强光斑的对比度，即使在靠近太阳中心时也可以看到它的特征。

光斑区的寿命可以长达几个太阳自转周期。而对于观测者来说，假若要监测光斑区的出现和成长，则要有一种早期的预警系统。通过持续留意这些区域，可以观测到一个新太阳黑子群最早阶段的发展情况。

---

① 该效应用于解释太阳表面的凹陷，从而证明太阳黑子是存在于太阳表面的现象。

由于与太阳黑子的关系，光斑主要出现在黑子带，并集中在赤道南北大约35度的范围内。在这些区域之外以及太阳的极区附近，偶尔也会出现光斑。极区的光斑在大小和寿命上与普通光斑有所不同，小的（细粒大小的）点状或椭长的极地光斑区可以持续几分钟，最多能到一两天，并且光斑越亮，其寿命越长。比起太阳极大期，在极小期期间极区光斑更常被观测到。极区光斑的面积往往很小，想要看到它们，需要极好的视宁度条件，同时望远镜的最小孔径也得有100~125毫米。太阳投影法很少被用来观测极区光斑，这是因为任何落在投影屏幕上的环境光都会削弱对比度本来就低的外观特征，因此，采用直接观测法并加强对光的过滤是观测极区光斑的首选方法（图4.1）。

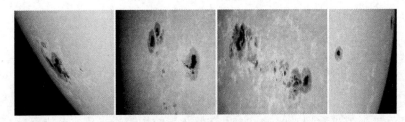

图4.1　如图所示，光斑可以单独或依附太阳黑子群出现，这些图像通过125毫米孔径的折射式望远镜、薄膜物镜滤光片以及雷登58号绿色滤光片获得。从左到右是依次是编号为AR0808（2005年）、AR0464（2003年）、AR0095（2002年）和AR9596（2001年）的太阳活动区。

4.9 微黑子

　　有时候，米粒际壁看起来比平时更暗，或者一个米粒似乎也比周围的米粒要暗淡，甚至趋于消失。这一切都是因为米粒内部存在着亮度的自然变化。如何将这些米粒和另一种叫作微黑子的特征区分开来是一门艺术。同样，分辨微黑子和太阳黑子也是需要技术的，因为任何一个没有半影的太阳黑子都有可能是一个微黑子。

　　微黑子是一种微小的结构，其直径在 1~5 角秒，平均直径为 2~3 角秒。微黑子比刚刚讲到的米粒更暗，但要比发育良好的太阳黑子本影更亮。单个微黑子的生命周期变化范围很大，在已知的记录中，最小的微黑子从形成到消失只有几分钟，而最大的能持续数小时。微黑子的大小与其生命周期有着直接的关系，一个大的微黑子生存时间越长，它发展成太阳黑子的可能性就越大。微黑子通常位于已存在的黑子群附近，或是光斑区内的一些孤立位置。微黑子的形成实际上是太阳磁场从太阳内部向上延伸，并且限制了光球层上对流活动的结果。天文爱好者制作了一系列图像和延时摄影，来描述微黑子从诞生到发展，最终走向衰败的整个过程。这些图像很难获得，但看起来却很有意思，与米粒组织一样。

4.10 太阳黑子

太阳上最引人入胜的白光特征便是太阳黑子了。如果说太阳光球层是一块光滑、近乎完美的玉石，那么太阳黑子就是这块美玉上的一个瑕疵，它与周围表面形成了鲜明的对比。如果用低倍率去观测太阳黑子，就可以看到黑子的半影和本影这两种外观特征，半影看起来呈浅灰色，并围绕着颜色比它深得多的本影。好几个这样的圆环形本影聚集在一片区域内，并伴有未与半影连接的部分，以及微黑子附近的凹坑。还可能会出现一条白亮的、如同条纹或河流的物质，被称为亮桥，它会穿越太阳黑子较暗的部分。

尽管太阳黑子始终都在赤道两侧约 35 度的范围内成长，但它们的形状、大小和生命周期好似那夜空中的繁星一般多变，而赤道两侧"孕育"太阳黑子的区域就被称作黑子带。在一块受磁场影响的活动区内，一个对称的黑子在视觉上看起来会稍微凹陷，这一现象叫作威尔逊效应。当一个圆形的太阳黑子在太阳边缘附近时，被称为半影的外部区域，在太阳边缘一侧的宽度似乎有所增加，比接近太阳中心的另一侧半影看起来要厚。从这一观测中得出来的结论是，太阳黑子有一个碟形的凹陷。研究表明，凹陷只是视觉上的假象，实际上是气体在太阳黑子的磁场中变得更加稀薄和透明的结果，从而能够让观测者看到光球层的更深处，但却给人一种凹陷的感觉。

太阳黑子的演化过程通常都是相同的，遵循着以下一套基本体系。在太阳黑子诞生的 7~14 天之前，明亮的光斑会发育起来。

并且在光斑区内，许多微黑子也逐步成长。其中的一些微黑子与米粒大小相当，而后衰败直至消失。而另一些微黑子将变得更大、更黑，可以达到与典型的太阳黑子本影一样黑，我们将发展成这样的微黑子称为本影黑子。这也是大多数太阳黑子发展的终点，而后会在很短的时间内衰败。如果一个太阳黑子继续生长，那么粗糙的半影就会逐渐显现。半影是一个非常复杂的活动事件，有着由更暗的本影与亮点所组成的岛屿形状。此时，呈现出来的就是一个发育良好的太阳黑子，可能还会有多个类似的太阳黑子伴随着它，而这些黑子中每一个所处的演化周期都与其"邻居"密切相关。

太阳黑子往往是天文爱好者白光观测的焦点。虽然太阳的形态学（研究太阳不断变化外观的学科）以及对其统计数据的收集会耗费观测者大量的时间，但实际上却为那些充满好奇心的人提供了一个独特的机会，让他们了解太阳磁场对太阳本身以及地球上的生命是多么重要。

太阳黑子本影

在成长壮大的太阳黑子里，其中心较暗的部分叫作本影。但如果把本影单独放在天空中，它会比夜空中任何一颗恒星都要明亮。本影之所以看起来很暗，只是因为与周围光球压倒性的亮度相比逊色不少。一个本影区的黑度与它的磁场强度以及温度存在着密切的关系。当我们从太阳黑子是光球层对流不强的结果出发，就很容易能理解本影的形成 —— 较强的磁场抑制了对流活动，从而形成了一个较冷的、看起来较暗的区域。

对太阳黑子细致的调研表明，本影在亮度和颜色上并不均匀。

实际上，本影是由暗的米粒、小亮点，以及介于这两者之间的物质——本影点——所形成的，注意，本影点不能与本影斑混为一谈。一个大的黑子内的本影包含了黑度更深的地方，这些地方被稍亮的区域分隔开。

观测爱好者可以利用两种摄影技术来研究这些现象。第一种技术，通过放置一个遮蔽黑子周围光球的光阑，只允许来自太阳黑子本影的光线到达相机，这样可以获得足够的曝光，能显示本影内部深处的细节。然后，本影的颗粒性质就会更为明显，但由于本影细节之间的亮度差异不大，再加上大气视宁度的限制，直接用眼睛去观测本影是很困难的。第二种技术，从高分辨率图像中构建出等照度线，进而揭示太阳黑子内部不同强度的区域，或许你已经发现这种技术应用到了夜空中可见的彗星的图像上。对于彗星的研究而言，构建等照度线是为了清晰地表明彗核、彗发和彗尾的结构性质。而对于太阳黑子而言，等照度线有助于识别出一些与太阳黑子相关的有趣特征，这些特征不仅有太阳黑子内部和外部的亮环、亮桥，还包含了本影内的核心（也就是亮度最低和温度最低的位置点）。

在一开始，如果只是对太阳黑子的本影简单一瞥，那只能看到一块非常暗或是近乎黑色的区域。随着观测的深入，用一台没有颜色滤光偏置的望远镜进行观测，整条光谱将保持中性，此时本影实际上是由黑色至细微的深红褐色构成的。正是赫歇尔光劈或者巴德膜为观测者提供了这样的中性色视图。倘若要对太阳黑子进行严谨的分析，就需要像大多数太阳研究一样，准备一台孔径至少为 125 毫米的望远镜。有了这样的一台仪器，就拥有了足够的分辨率来支撑起本影的细节，尤其是在使用上述的两种摄影技术时。

太阳黑子半影

前面提到，本影是太阳黑子里较暗的中心部分，而半影则围绕着本影，是较浅的灰色外部区域。在一个新长成的本影周围会有米粒际物质，而部分半影通常便是从米粒际物质中孕育而生。当黑子中有一个大的本影时，初步形成的半影会逐渐演化并发展出半影纤维这样的深色结构，半影纤维就像细丝一样，向本影周围伸展。这些半影纤维本质上是有磁性的，与米粒在对流性质上有着相似之处。我们把较暗的纤维之间的区域称为半影粒。只有在极佳的视宁度和小于 1 角秒的分辨率条件下，才能认清楚半影中的纤维结构。

一般来说，成熟的太阳黑子的半影都是对称的，而受到复杂磁场的影响，会有不规则半影的出现，这一类是比较少见的。并且，这一类的半影会在黑子群中泛滥，其不同宽度的半影纤维贯穿于整个黑子群中。还有一些独立的半影"岛屿"从本影中脱离出来，但这种情况也并不常见，而且很少能持续一天的时间。总之，一切在外观上的变化都是值得观察和留意的。

在发展良好的半影内，不仅可以发现一些仅比微黑子略大点的本影物质岛屿，还能找到与光球一样亮甚至比光球更亮的物质区域。这些或暗或亮的区域正经历着快速的变化，应该仔细地观测。偶尔，一片明亮的区域会延伸并变暗，而后转为纤维状或变得更大，最终形成一条亮桥。

从根本上，我们把比本影亮的所有物质定义为亮桥，亮桥不但能把本影分隔开来，有时甚至能将半影区划出来。一个形成已久的太阳黑子会包含一条较宽的亮桥，这道亮桥很像是光球溢出到太阳黑子里一样。而在年轻的太阳黑子里，才含有细长呈条纹状的强烈亮桥。同时，更仔细地观察，可以看到亮桥颗粒状的外观。细窄的亮桥寿命往往不到一天，而更宽的亮桥能持续一个多星期。当成熟的太阳黑子中出现一条大规模的亮桥时，表明该黑子已经处于其生命周期的下坡路上。

本影和暗影之间是一片模糊的区域，在这块区域中，半影纤维仿佛是本影的延展。此处还可以看到半影内的发亮物质，叫内亮环。这是因为在本影附近的半影纤维最亮，而越靠近半影外部边缘的半影纤维就越暗。而另一个明显的特征就是外亮环，外亮环实际上是发亮米粒的排布，它们在半影区外包裹着太阳黑子的外缘。

4.11 ▏黑子群

　　太阳黑子不总是形单影只的，它往往会在附近形成一张网络，这张网络里包含了光斑、微黑子以及其他黑子。这些特征通过源于太阳内部的磁性，彼此互相连接。我们把这样的太阳黑子所组成的网络叫作黑子群。

　　通过观测，我们发现黑子群是沿着特定模式的线路逐步发展的。一开始，几个微黑子抱团而行，"蜷缩"在小于 10 度的日面空间内。这些微黑子在 24 小时内变得暗沉，并形成本影斑，本影斑也会被分隔为两个明显的主体。几小时后，这两个主体将会各自继续发展下去，直至形成小的太阳黑子。这两部分所形成的黑子分别为前导黑子和后随黑子，其中，前导黑子是两者中位于西侧的那一个。

　　通常演化进行到此就结束了，这些黑子在几天内便会消融。然而，如果一个黑子群特别稳定并持续演化，那么半影就会在前导黑子周围发育起来，不久之后，半影物质又会在其余黑子的周围增长。此时，作为黑子群中主体的两个黑子开始互相分离，间隔至少 3 度的太阳经度。同时，它们重新调整方向，使自己相对于太阳赤道自东向西旋转。前导黑子与后随黑子有着相反的磁极，我们把这样的黑子群叫作双极黑子群。但如果一个黑子群内只有单个主导的黑子，其成员都被框在一块 3 度的区域以内，那就称为单极黑子群。

　　当黑子群发展到第二周的中期时，其面积和数量通常都会达到最大值，直至一个月之后才会出现衰退的迹象。微黑子和较小的黑子将首先开始消融，后随黑子逐渐瓦解、变暗，直至消失。这一切发生的期间，前导黑子变得对称，并有着一个均匀一致的半影。再之后，黑子也会渐渐地缩小，最终只留下光斑，而光斑不久也消散而去。

黑子群在其发展的高峰期间，能占据万分之一太阳半球的面积。在修正了由于远离日面中心而产生的投影缩减效应后，这样太阳半球面积的百万分之一[①]相当于太阳表面5平方角秒的面积。一个大的黑子群甚至能延伸超过15度，并且包含100多个黑子，偶尔还是耀斑的源头。耀斑猛烈无比，以至于在太阳连续谱中都显而易见。而像白光耀斑这样的太阳活动是很罕见的，因而特别值得观测者留意。

---

① 太阳半球面积的百万分之一是黑子群的单位。

4.12 黑子群分类法

　　力求研究明白、详尽整理并且完美解释自身所探讨的课题，似乎是每一位科学家与生俱来的夙愿。多年来，天文学家为了对太阳黑子群的不同发展阶段进行分类，创造出了各种方案。这些分类方法基于黑子群的性质来对其进行描述刻画，比如有基于磁性来分类的威尔逊山天文台规则，以及一些根据黑子群外观进行分类的其他方法。

　　直到 20 世纪末，才由苏黎世天文台的马克斯·瓦尔德迈尔（Max Waldmeier）设计出了一套最为有效的视觉分类方案——苏黎世黑子分类法。苏黎世黑子分类法按照黑子群不同的发展过程将其分为九个类型，分别为 A、B、C、D、E、F、G、H、J。对于确定某个太阳黑子在其生命周期的阶段，这本是一个很好的计划，但对 20 世纪的实际目的来说，该方案还不够。因为对于航天器和现代通信设备来讲，任何特别具有破坏性的太阳耀斑都需要早期预警，因此，创造一个比苏黎世分类法更可靠的预测耀斑的方案是必要的。

　　耀斑通常在单色光的窄带中看得最清楚，在这片窄带区域中，耀斑处于发射状态，换言之，它非常亮。由于窄带滤光片能分隔开太阳光谱中的 H-alpha 原子线，因而在观测耀斑时窄带滤光片十分有效。有时，能量极强的活动变得如此强烈，以至于它会溢出太阳连续谱，在白光中也夺人眼目。出现这样的活动，尤其会对我们局部的空间天气造成混乱。

　　20 世纪 60 至 70 年代，当帕特里克·麦金托什（Patrick McIntosh）

扩展了苏黎世太阳黑子分类法后，对太阳耀斑活动可能发生的时间和地点的预测才算往前迈出了一步。

表4.1 麦金托什黑子群分类法

苏黎世分类法（修改后）	
A	单个黑子，单极群，无半影
B	双极群，无半影
C	双极群，其中一个主要黑子有半影
D	双极群，两个主要黑子都有半影，长度延伸小于10度
E	双极群，两个主要黑子都有半影，长度延伸在10～15度
F	双极群，两个主要黑子都有半影，长度延伸大于15度
H	单个黑子，单极群，有半影
黑子群中最大的黑子	
x	无半影
r	部分半影，只围绕着黑子的一部分
s	对称的半影，南北延伸直径小于等于2.5度
a	非对称的半影，南北延伸直径小于等于2.5度
h	对称的半影，南北延伸直径大于2.5度
k	非对称的半影，南北延伸直径大于2.5度
黑子群内的分布	
x	单极群，大分类上为A或者H
o	很少或者没有黑子，小黑子夹在前导黑子与后随黑子之间
i	前导黑子和后随黑子之间有许多黑子，但没有一个黑子有成熟的半影
c	前导黑子和后随黑子之间有许多黑子，至少有一个黑子有成熟的半影

麦金托什将原先的九分类改为七分类，和先前的方法类似，但省略了 G 和 J 这两类。同时新增了两个子类用以分别描述太阳黑子群中最大黑子的半影以及黑子群中黑子的分布情况。更多的补充信息可以从三字母的麦金托什分类法中获得，这些额外的信息足以预测耀斑，为专业人员和爱好者很好地指示了耀斑活动可能会发生的时间和地点。

观测者若想使用麦金托什方法给黑子群分类，就必须目测黑子群，而后根据目测结果查阅描述性的语言，以确定该黑子群所具体对应的字母代号。举个例子，假设观测者观察到如下结果：

某个黑子群是"有半影的单极黑子群"（H），同时"半影小而圆且直径不大于（日面坐标系下的）2.5度"（s），并且只有"一个孤立的黑子"（x）。将这三个字母串起来后，就可以得到麦金托什分类法的三个字母"Hsx"。

"熟能生巧"这句谚语对于黑子群的分类同样适用，因而新手在观测时应该将自己的分类结果与专业天文台在网上发布的分类进行比较，而位于夏威夷的密斯太阳天文台会提供太阳日常的分类情况。这样不停的重复练习不仅能够磨炼你的观测技能，同时还可以增强你对于太阳周期的理解程度。对醉心于白光耀斑的太阳观测者来说，如若想要知道何时何地去观测，那对麦金托什分类法的充分了解是不可或缺的。

4.13 白光耀斑

　　白光耀斑是太阳系中能量最强但却也最罕见的现象之一。白光耀斑通常在发育良好的黑子附近骤亮般地出现，亮度能达到周围光球的 1.5 倍，并呈现出斑状、点状或带状的外观。白光耀斑在 1859 年 9 月第一次由理查德·卡林顿（Richard Carrington）观察到，并随后被理查德·霍奇森（Richard Hodgson）证实。

　　耀斑是色球层在发生强烈活动的表现，是相互冲突的磁场之间释放压力的结果。耀斑通常可在 H-alpha 光中看到，开始只是一两个亮点，在随后的几分钟到几小时内，其亮度和大小不断增加，有时会发展成带状的形式。如果一个耀斑在其能量释放的高峰期足够活跃，那它能在太阳连续谱的累积光亮中惹人注目。一般而言，这一峰值在十分钟以内都是非常明显的。对于白光耀斑的观测，正确的时间与地点很重要。笔者自 1990 年起就开始或多或少地定期观测太阳，有幸在这期间捕捉到了一次气贯长虹的白光耀斑。

　　我是在无意中捕获了白光耀斑，那一天是 2000 年 11 月 24日。通常，每年的这个时候我很少对太阳进行观测，因为 11月期间太阳接近地平线，于我而言，此时的观测窗口并不有利。尽管如此，这一天我还是拿了台折射式望远镜去扫描太阳边缘，这台折射式望远镜装有以 H-alpha 线为中心的窄带滤光片，希望能借这套装置看到当天早上所有的日珥活动。在对西侧的边缘扫描过后，我将望远镜横穿日面移动到了另一侧 —— 太阳的东侧边缘 —— 进行扫描。随着望远镜的追踪，我的注意力被 AR9236 活动区半影内的一对亮斑所吸引，这是一个靠近日面中心的 Eko 型（麦金托什分类法）黑子群。利用带有安全白光滤光片的望远镜快速观测，立马证实了这些斑块确实是白光耀斑。此时此地就是观测耀斑最正确的时间与最合适的地点。耀斑又持续了大约两分钟，循着常规的模式，它迅速变亮到峰值，随后从视野中缓缓消失。不幸的是，如此短的时间（世界时 15:08—15:10）根本不允许我去拍下这一耀斑事件。然而，峰回路转，随后我了解到我的伙伴，同样是天文爱好者的阿特·惠普尔也在当天早上进行了观测，并用他的设备记录下了这次耀斑。

虽然特别明亮的耀斑事件不多见，但退而求其次，天文学家们确信不那么强烈的白光耀斑还是可以经常观测到的。捕获白光耀斑的关键是，既要了解在何时何地进行观测，又要有条不紊、循序渐进，还要对望远镜的搜寻进行优化。发展成麦金托什分类法中 D、E 和 F 型的黑子群，由于能产生耀斑而受到关注。而且对于那些隶属 ki 和 kc 子类的黑子群来说，产生耀斑的机会更多，当然不仅限于这几个子类，Dai、Dso 和 Hsx 类的黑子群偶尔也会出现耀斑。涉及具体的实践上，首先要了解目前太阳上可见黑子群的类型。而后要密切注意黑子内部不规则或剥离开的半影，以及前导黑子与后随黑子之间聚集的黑子区域。正如我之前所讲的意外捕获耀斑的经历，白光耀斑是一个稍纵即逝的现象，需要极佳的时机才能发现它，偶尔看几眼太阳是很难成功发现白光耀斑的。尽管我们大多数人不能连续地监测黑子群，但可以利用某个周末的上午或下午，抽出点时间，在自己的后院或者花园内，去扫描一个疑似有耀斑活动的黑子群。这就有点像猎寻彗星，最终能够在某次扫描中发现一次白光耀斑。

优化搜索白光耀斑的望远镜，就和选择太阳滤光片一样简单。因为只有最亮的白光耀斑才能在太阳投影屏幕上看到，所以要用直接观测法来代替投影屏幕法，这么做也是为了增强白光耀斑和周围光球之间的对比度。在观测时，一块安全的光学密度薄膜物镜滤光片是必不可少的。薄膜滤光片由于向蓝光偏置，因而允许发射中来自耀斑的连续光谱透过，增加其可见性。甚至，你可以将浅蓝色的目镜滤光片和视觉安全薄膜物镜滤光片这两者搭配使用，进一步增强白光耀斑的对比度。

如果你在使用录像或摄影的方法去搜寻白光耀斑，那么试试窄带滤光片吧。窄带滤光片可以让太阳光谱里中心为 430 纳米、带宽不大于 10 纳米的光通过，这段光线属于 G 波段，也是耀斑期间进入发射时的谱线波长位置。虽然这种技术方法将大大提高捕获到白光耀斑的机会，但鉴于这种窄带滤光片的透射特性，望远镜必须用低摄影密度的滤光片。而问题又来了，这样做后所增加的蓝光对于视觉观测来说并不安全，因此，这种技术方法只允许用于录像或摄影观测（参考之前有关安全观测的章节）。

如果可能的话，当你看到白光耀斑时，记录下开始观测与耀斑消失的时间，还有它在太阳上的位置，以及它与光球的相对亮度。此外，在此次耀斑出现时，要拍照或者画出草图来展现其外观的所有变化。最后，将这些观测结果报告给合适的组织（比如国际月球和行星观测者协会太阳部，或是英国天文协会太阳部）。

4.14 日面坐标

排除临边昏暗的情况，在肉眼或者望远镜下，太阳是一个平坦的圆盘，其特征贯穿东西。但实际上，太阳与地球一样，是一个三维的球体，高悬在天空中。由于投影缩减效应，越远离太阳中心的区域，越会受到压缩，因而靠近边缘的特征外观会明显缩小。

地理学家为地球创建了一个包含经度和纬度的系统，方便我们确定在地球上的任意一处位置。而且借助卫星通讯，大家使用GPS能够在这样一套构建好的经纬度网格中精确地找到地点。明确地知道自己在哪儿，离目的地有多远，目的地又在哪儿，这些问题对于地球上的居民来说是至关重要的。而如今，无论是往来贸易还是交通，在有了这套系统后，一切都有条不紊地进行着。

太阳观测者为了方便分析结果，同样需要给太阳构建一个经纬度系统，并且能很方便地转换到日面上使用。定义一个新的太阳活动区的位置以识别它是一件很有必要的事情，尤其是在大量的黑子群挤满太阳表面的时候。除此以外，任何关于太阳黑子相对于光球或者相对于其他黑子的运动研究，都迫切需要这样一个参考点系统。但考虑到太阳的旋转存在差异，这会很复杂，因为差异化的旋转导致没有明确不变的参考点，而且地球一直在围绕着太阳旋转，黄赤交角的存在进一步产生了对太阳不同的视角。打退堂鼓了吗？然而不用怕，如今的太阳观测者已经有了一种方便的方法来确定日面上的位置。

定义太阳上的一个位置需要知道三个参数，这些参数源自观测的日期和时间，根据日期和时间就能确定太阳从地球上看去的位置。如果把太阳看作我们人的头部，那么这三个参数分别反映了我们头部不同活动（上下点头、左右歪头和前后转头）的幅度大小。首先，第一个参数刻画了 Bo 太阳极轴（或者自转轴）每年在轨道上"上下点头"的程度，也就是日面中心的纬度变化。每年 9 月初，太阳北半球指向地球的角度会达到最大值，为 +7.3 度；反之，在 3 月的第一周，我们又能从地球上看到太阳的南极区域，因为此时日面中心的纬度变为了 −7.3 度。每年只有很短的时间内我们能够正视日面中心，也就是 Bo 等于 0 度的时候，这种情况发生在 6 月和 12 月中的片刻。

第二个参数是 P，即位置角，它反映的是"左右歪头"的程度。P 代表着太阳自转轴北极相对于地球自转轴的偏移角度。这种偏移或者倾斜的变化范围在一年中总共可达 52.6 度（左右各 26.3 度）。当太阳北极往北天东边倾斜时，数值为正（+），而最大的东侧倾角 +26.3 度出现在 4 月初。而后，随着我们的地球在轨道上继续运行，太阳开始向西侧倾斜，一直到 7 月初，它的南北极轴将会与天球的南北方向对齐，此时 P 等于 0 度。再往后，P 开始变为负值（−），又在 10 月初达到了最大的西侧倾角 −26.3 度。时间继续推移，倾斜的运动方向再次逆转，太阳北极开始向东边倾斜，P 又一次在 7 月的第一周左右回到 0 度。[①]

以上两个参数 Bo 和 P 都取决于观测日期，它们是准确定位太阳上某一特征的纬度的必要条件。而要想找到该特征的经度，就需要定义第三个参数，该参数绘制出了一条从太阳北极到南极

---

① 角度的最大值和月份对不上，原文疑有误。

（即太阳自转轴）的假想线。这条线被称为太阳的中央子午线。太阳天文学家会用观测日的中央子午线作为参考点来测量经度。根据卡林顿自转坐标，在每个新的太阳自转开始时，将中央子午线的经度 Lo 确定为 0 度。日面经度自东向西逐渐增加，并且由于太阳是由东向西自转[1]的，因而中央子午线的经度会随着时间推移而减小，从 0 度到 350 度，过后再减小到 340 度。以此类推，Lo 每天会减少 13.2 度，对应到每小时就是减少 0.55 度。通过上述的数字与来自已知日表的信息，我们可以对中央子午线的经度 Lo 进行内插，同时再测量一下该特征和中央子午线之间的距离，就可以获取该特征的经度。

一些叫作"星历表"或"天体位置表"的表格会在每年出版，它们列出了太阳每天（通常在世界时的零时）的方位信息，也就是 P、Bo 和 Lo 这些参数。这些信息的几个出处包括加拿大皇家天文学会出版的《天文年鉴》（*The Astronomical Almanac*）和《观测者手册》（*Observer's Handbook*），以及来自互联网的参考资料，具体有国际月球和行星观测者协会在其网页上发布的年度历表。或者，你在搜索引擎中输入"太阳历表"，也能找到大量相关的资源。

---

[1]　类比地球的自转方向，这里也是从太阳北极上方往下看，是由东向西自转。

4.15 图像中的坐标记录

　　用绘图或照片的方式来测量或者还原观测的结果，通常属于硬拷贝格式的范畴。尽管在望远镜前描摹太阳的特征是一件惬意的事，但放到现代的观测者身上，它的价值非常有限。诚然，描摹绘图的方式很适合于通过投影法来确定一个黑子群的位置（见第五章），但当需要准确地再现一个特征时，如果使用了投影法以外的方式去观测太阳，那么绘图的技巧往往要达到艺术家的水准才行。考虑到太阳的动态变化特点以及一些特征的快速变换，摄影才是准确和永久记录的更好选择。除了偶尔的记录，家用电脑和数码相机的普及，已经让纸笔淡出了描绘观测结果的天文舞台。

　　只要提供的日面位置在中心附近的精度能到 1 度左右，那么太阳的整个日面（whole disc，简称 WD）照片很容易就能进行测量；当然，由于投影缩减效应，在接近太阳边缘处精度还需要高一点（小于 1 度）。测量太阳的 WD 照片既可以通过数学方法计算，也可以用一种叫作斯托尼赫斯盘的覆盖物来完成。相较于复杂的数学计算，覆盖式的测量方法没有那么烦琐，因此它是测量 WD 照片的首选。

　　斯托尼赫斯盘实际上就是一个模板，上面显示了给定 B_o 值的经纬度线。一套具有代表性的模板涵盖了范围从 0~7 度，步长为 1 度的 B_o 值。而通过"翻转"这些覆盖盘，又能获得另一套 B_o 值从 –1~–7 度的模板。斯托尼赫斯盘可以通过一些观测组织获得，但最简单的方法还是从网上下载然后打印出来。网上可供选择的资源很多，这其中有一个英国的天文爱好者彼得·梅多斯（Peter Meadows）维护的网站（www.petermeadows.com）。这个网站提供了好几种格式以及各种直径的斯托尼赫斯盘，能够满足天文爱好者的各式需求。梅多斯还收集了很好的教材，此外还有一款免费的程序 Helio，可以用来确定日面上的（X, Y）坐标位置，并且这款软件也提供了每日的 P、Bo、Lo 参数值。

倘若要测量日面坐标，那 WD 照片中太阳的直径必须和斯托尼赫斯盘的相同。毫无疑问，直径越大，测得的精度就越高。用于测量 WD 照片的斯托尼赫斯盘的标准尺寸通常为 150~180 毫米。从网上下载斯托尼赫斯盘之后，一定将其打印在透明介质或半透明的纸上，这么做是因为需要把模板盘覆盖在 WD 照片上，假如打印在不透明的纸上，则很难看到太阳的特征。

测量所用到的工具包括：一个有着观测当日正确 Bo 值的斯托尼赫斯盘、一个量角器、一把直尺、一支细头墨水笔、几个回形针或透明胶带、一个图钉或一根针，以及观测日期和时间所对应的 P 和 Lo 值。当你测量了几张照片并熟悉了流程后，你就可以灵活变通，确定一两条适合自己的测量捷径，从而节省时间与步骤。

在这项工作开始之前，WD 照片的指示标记必须与天球南北或东西方向对齐，且相差不能超过 1 度，这是后续一切流程得以正确进行的基础。WD 照片中的标记是在拍摄照片时打上的，具体的做法是当摄影系统内的一些中间焦点碰到太阳南北或东西两侧的边缘时，就在接触到的焦点处插入这两个标记。有一些观测者会调整相机来使得镜头画面的上下边缘与天球的东西方向平行，可以通过观测太阳黑子沿边缘的漂移并随之适当地旋转相机来实现这一点。在拍摄实际的观测照片之前，一个很好的技巧是先拍摄一张"校准照片"。在无焦系统中插入一个带有十字准线的目镜，或者更好的选择是在其焦平面上有一条细的单线来划分视场，如此便可以拍摄校准照片了。解除望远镜上的驱动装置，旋转相机，将十字线或细线对准漂移的太阳黑子。当细线精确地定位在东西方向上时，将太阳放在画面中心，随后拍下一两张带有细线横穿光球面的照片。将其按照最终观测照片的相同比例打印出来，作为定位太阳真正南北两极的参考。如果校准照片的质量合适，可以直接用于后续的测量。另外，所有硬拷贝格式打印出来的太阳都应该是北侧在上，东侧在左，就和我们日常看到的太阳朝向一样。

拿着打印好的校准照片，用一条平行于校准照片中细线的线在太阳中心处划分出它的两个半球，找出与边缘相交的东西两点。此时，再画出一条同样通过太阳中心并垂直于它的线。现在太阳已经被划分成了四个等象限，其中垂直线定义出了天体的南北极点，而水平线则代表了东西极点。查阅太阳历表中观测当日给出的 P 值，用量角器从天体北极处量出这个角度的大小。如果角度是正值，那么朝着天体东侧测量，反之则朝向西侧。假想连接 P 值点与太阳中心点所形成的直线，分别与太阳边缘相交于上下两点，画上这两点的标记，则上方的标记刻度线为太阳北极，下方的则代表着太阳南极。接着，将校准照片和观测照片摆正并叠放在一起，然后用图钉或者针在照片的南北两极上戳出小孔，而后用墨水笔和尺子重新在观测照片上画出代表南北两极的标记。

将对应 Bo 值的斯托尼赫斯盘放置在观测照片上。谨记，Bo 值为正则"向下低头"（太阳北极会显现出来），Bo 值为负则"向上抬头"（北极则不被看到，南极显现）。在所有的模板盘中选择

Bo 值与观测日最接近的那一个。例如，假若从历表中查到的 Bo 值是 +4.6 度，那么就选择 +5 度的斯托尼赫斯盘。将斯托尼赫斯盘放置在中心，旋转圆盘直至中央子午线与观测照片上的南北标记重合。使用回形针或者胶带，将斯托尼赫斯盘临时固定在照片上。

如此组合而成的产物描绘出了太阳光球上经纬度线的位置。读取某个特征的纬度变得直接明了——赤道为 0 度，上下的每条线之间代表着 10 度的递增。有些落在线之间的测量结果需要进行内插读数，而尺子可以在此时大显身手。赤道以北的纬度指定为北（N）或 +，以南的纬度则为南（S）或 –。至于太阳的经度，是从中央子午线开始测量的，它有两种形式，分别是卡林顿坐标系下的经度和"相对"经度。卡林顿坐标系下，确定观测时的中央子午线经度是必要的，也就是前面提及的 Lo 值。随后，通过测量特征与中央子午线之间相距的度数，就能得到该特征的经度值。同样，斯托尼赫斯盘中经线之间的每一个间隔都为 10 度，有时也要进行插值读数。一旦知道了中央子午线与特征之间相距的度数，就可以用中央子午线减去或加上这个度数来获得该特征的经度。如果该特征在中央子午线以西，则为相加；反之，则为相减。卡林顿坐标系统通常用于对太阳活动区精确的科学研究。

相对坐标系统只是采用了某个特征距离中央子午线的度数，而中央子午线的读数在观测时都被当作 0 度。中央子午线以东的经度被指定为东，以西的则为西。只要观测的日期和时间与日面坐标一同被记录下来，那么使用相对经度的话会很方便，也会被大家广泛接受。

第五章

白光观测的记录

5.1 ┃ 观　测

　　在研究太阳某个特定的方面时，利用有组织有条理的方法是一种途径。但作为太阳观测者，一种极佳的方式是通过参与观测项目来磨炼自身的技能，了解与太阳相关的知识，乃至为科学做出贡献。以我为例，美国变星观测者协会管理了一个太阳黑子计数项目，我是在开始参加该项目的定期观测后，才学会了辨识视宁度质量的好坏。换言之，有一个条目清晰的观测计划，能让你学到更多关于太阳现象以及形态的知识。"纸上得来终觉浅，绝知此事要躬行"，实践远比你在其他地方学到的要更多。

　　世界上有几个业余组织，它们是专门来协调其成员进行观测的。在美国，美国变星观测者协会有一个专门从事太阳观测的部门，针对那些对太阳黑子计数感兴趣的观测者，美国变星观测者协会太阳部的主要任务是收集他们手中的数据。国际月球和行星观测者协会是另一个组织，它也有一个太阳部门，它聚焦太阳外观的变化收集的观测数据。国际月球和行星观测者协会太阳部的成员会在网站上贡献太阳的图像，并且通过互联网为观测者们提供了一个交流的平台。英国天文协会也有一个活跃的太阳部，协调着大洋彼岸的天文爱好者。本书后面附有一份名单，列出了致力于帮助天文爱好者研究太阳的组织。去联系其中的一两个组织吧，咨询他们的观测计划。这真是一个极佳的学习方法，通过自身的爱好去为科学做出贡献，并结交新的朋友。

　　那么，我们该如何去寻找合适的观测项目呢？嗯……通常情况下，项目会找到你。如果你对太阳抱有好奇心（不然你也不会阅读这本书了），问问自己这些问题："是什么吸引着我去观测太阳？我是对太阳黑子的数量感兴趣，还是对它们在太阳上的位置更关注？抑或是更倾心于某个黑子群并留意其中发生的变化？我是一个喜欢与他人合作完成项目的人，还是想要成为像哥伦布那样勇于拓荒的人？"回答了以上问题后，你就清楚自己的方向了。有关太阳黑子的研究往往会吸引更多的参与者，而一些其他的特征，如极区的光斑，研究这些活动的观测者就少了很多。不管是出于什么样的动机，如果太阳就是你的爱好，那么有许多探索的道路，在这些路途上，你都能成为一个更好的观测者，同时也能为提供大量有关太阳的数据做出贡献。

白光观测项目主要划分为两大类：统计学和形态学的研究。能为统计提供信息的观测项目可以是记录相对太阳黑子数 R，也可以是记录黑子群分布或是黑子分类相关的数据。类似的统计研究也可以放在光斑活动上进行，包括光斑亮度水平的数据收集。

另一类，形态学是记录某个太阳特征中的物理变化。一个形态学项目可以收集关于一个太阳黑子群演化的数据，其中就包括对黑子群横贯太阳表面时生命周期的摄影记录。观测者的另一个项目也可以是对行踪"飘忽不定"的白光耀斑进行"巡查"。一切的可能性都在于观测者自身的创造力——只有想不到，没有做不到。

我们不可能囊括太阳观测者的每一个研究领域，因此我们只讨论那些在过去被证明是成功的并且目前仍在沿用的项目。结合你本身的兴趣，然后投身到你喜爱的观测项目中去。通过参与一个项目获得的满足感将会是价值非凡的，而你在爱好中发现的乐趣也会成倍增加。

5.2 统 计

早在几个世纪前,中国的天文学家就知道了太阳黑子的存在。但直到 400 年前开始使用望远镜观测太阳,人们才更清晰地看到了太阳黑子以及光斑的特征,并且还发现了太阳的自转现象。伽利略和沙伊纳是该领域的主要贡献者。前文提到的药剂师萨缪尔·海因里希·施瓦贝,原本是寻找在太阳和水星之间运行的行星,却在偶然间发现了太阳黑子的周期性。施瓦贝记录黑子只是为了忽视黑子带来的影响,没有寄希望于能发现新的行星,结果无心插柳柳成荫,反倒找出了太阳的周期性。

对太阳黑子现象的统计研究实际上于 1848 年左右开始,一位瑞士的天文学家鲁道夫·伍尔夫(Rudolph Wolf)进行了观测。当时伍尔夫正在寻找一种精确测量太阳活动的方法,他最初的选择并不是给太阳黑子计数,而是通过黑子面积的大小来衡量太阳活动的程度,但他缺乏这么做所需的设备。因此,他设计了一个方案,计算日面上所有可见的太阳黑子的数量,并在此基础上与可见黑子群个数的十倍进行相加。这一套两数之和的方法,得到了数十年观测数据的支撑——尽管独立地去看其中的数据,这两数都不能准确地作为太阳真正的量度,但将它们结合起来就形成了太阳活动最真实的情形。

正是通过与其他志同道合的观测者合作,每个个体的数据才变得共性普遍,才能勾勒出每日太阳活动的准确图像。正如前面几段讨论的,有几个组织就是为了协调各个观测者的数据收集才设立的,其中一些组织提供了独特的项目,其他一些组织则维护着收集相同数据的项目。无论如何，所有的这些组织都是为了促进太阳天文学的发展，并将业余的天文爱好者们紧密地联系在一起。

太阳黑子计数

对于那些不想用太多设备对太阳活动进行观测的人来说，太阳黑子计数是迄今为止最好的方式，它能让你投身到一个条理清晰的项目当中去。一台适合投影或者可以直接观测太阳的望远镜、一个记事本、一支铅笔以及一个计时器，这些就是收集科学数据需要用到的全部工具。而且，这种方式在望远镜前所花费的时间也是最少的，每天只需几分钟就可以完成一次观测。

公开的黑子数量只是一种估计，它是由许许多多的观测者进行观测后对其结果的一个汇总。经验丰富的爱好者认为，与其说黑子计数是一门科学，不如说它更像一门艺术。这话还真不假，因为造成同一天计数差异的因素有很多，比如观测者的经验、视宁度条件、太阳活动本身在二十四小时内会有不同的变化以及使用到的观测设备。举一个更具体点的例子，伍尔夫使用了一个孔径为 80 毫米、放大倍数为 64 倍的折射镜用于黑子计数。同样的，另一位经验相当的观测者在相似的条件下，使用了一台孔径更大、放大倍率更高的望远镜进行观测，由于分辨率更高，他可以观测到更小的黑子。而且，这还引出了另外一个问题，即什么是较小的太阳黑子，什么又是微黑子。观测者本不应该把微黑子纳入计数中，但一个人对微黑子的理解可能与另一个人并不相同。如你所见，太阳黑子计数充其量只是践行科学的人得到的一个估计罢了。

相对黑子数 R，是伍尔夫在 150 多年前建立的一个标准，它由公式 $R=10g+s$ 计算得出。g 是观测者在一段时间内所看到的太阳黑子群总数，s 则是太阳黑子的总数。只要获取数据，计算过程就会非常简单，通常会将结果以表格的形式记录在观测者的笔记本中。汇总数据的组织通常会对观测者提交的黑子数设置一个比例系数"k"，其目的是校正上述提到的一些会影响计数的因素，即观测经验、视宁度条件以及仪器的差异。"k"的另一个目的是将现代的观测结果与伍尔夫时期的结果关联起来，以保证连续性。综上所述，修正后的相对黑子数公式为 $R=k(10g+s)$。

让我向大家展示一下我是如何进行观测的，最终你可以总结出一个与之类似的工作流程。首先，定期观测对于磨炼这项活动所需的技能来说非常重要。如果三天打鱼两天晒网，一个月内只有两三天对黑子进行计数，那么从长远来看效果并不佳。必要的话尽可能多地去观测，并且最好是在晴朗的日子里。对于我来说，最有效的方法是规划好每日计数的时间。通常上午十点左右至午餐之前的这段时间里，是我能够留出观测太阳的时间，每天的黑子计数总是我日程表上的第一个项目。

我首先通过观察太阳在地面上产生的投影或者用针孔寻日镜来将望远镜对准太阳。如果是直接观测，那么会优先考虑光学物镜滤光片。而如果我使用了投影设备，则屏幕一定要遮蔽阳光，否则，小而暗的黑子会很难观测到或者根本看不到。由于大多数观测者都会直接观测，我将主要介绍这个方法。我将太阳黑子计数的结果记录在一张预先印好的卡片上，其大小为 100 毫米 × 150 毫米，卡片中有一个圆盘，可以勾画出太阳上所有黑子群的大致位置，还留出了记录仪器、视宁度条件和其他相关说明的空间。当在下一次观测中去找寻某个可能已经演化得难以辨认的黑子群时，这张草图会很有帮助。回想一下之前的内容，太阳自转会把日面上的一切都带到更远的西边去。

在图 5.1 中，列出了一张预先印好的卡片，这是一次来自 2003 年 5 月 29 日的观测。在我使用的折射式望远镜中，对角镜形成了图中所示的方向，北在上，西在左，而你的望远镜有可能显示出不同的指向。这些都是天体的方向，并且通过朝东西南北四周轻推望远镜，同时留意太阳的位移就可以找到。另外，要选择一片放大倍数合适、可以观察整个日面的雷登滤光片，它可以人为地使本影变暗，从而让小且暗的太阳黑子从特别亮的光球背景中凸显出来。小心翼翼地将望远镜对准某个黑子群，如果没能立刻看到黑子群，则把望远镜转向太阳的边缘处。对于任何统计项目来说，前后的一致性是一个特别重要的因素。这是因为可靠的结果只有在长时间的观测后才能得到，也致使我从不频繁调整望远镜，而唯一记录下的信息也是我绝对肯定的信息。

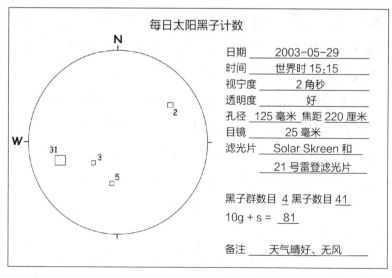

图 5.1　用于记录太阳黑子数量的卡片

在赤道两侧约 35 度的黑子区域内进行扫描，我记录下了所有看到的黑子群，而后在卡片上勾画出了它们大致的位置。为了完成这项任务，我会用正方形或者长方形来近似地代表黑子群的区域。有时可能需要稍微"晃动"一下望远镜，来让一个较小的黑子变得清晰。

这就是太阳观测这门科学变为一门艺术的有趣之处。要想辨别什么是一个独立的黑子群，以及在一片近邻区域内分出两个甚至更多的黑子群，那么必须对麦金托什分类法很熟悉。如果误将原本的两个黑子群当作一个，再考虑之前相对黑子数公式中乘以的 10，则计数结果会有所偏离。更糟糕的是，倘若这种情况多次发生，那最终计数结果将会完全不准确。大体上，我自己遵循以下的工作方式：如果一片区域内的黑子不属于麦金托什分类法中所确立的任何一个准则，那么我就会重新评估这片黑子，有可能会把它们定义成邻近的几个黑子群。此外，在望远镜上放置一张印有麦金托什分类等级的卡片供参考，是一个很不错的主意。如果你对我用于记录观测的预印卡感兴趣，那也可以试试在这张卡片的反面列上太阳黑子的分类，这是很有帮助的。

定期观测太阳是确定黑子群状况的一种辅助方式，因为定期观测的人都是黑子群演化进程的见证者。有一阵子我无法去观测，在那段日子里，我一直利用互联网来保持对太阳活动的关注。但假如我打算在当天晚些时候进行观测，我就不会在网上"查看"太阳，我不想由于网上所看到的内容而影响我日常的黑子计数。

一些观测者会采用"十度法"来区别两个黑子群，这条规则指出："任何黑子或者黑子群与其他黑子在日面经度或纬度上，至少相距 10 度才能算作一个活动区或是黑子群。"偶尔，两个黑子群也会在距彼此 10 度的范围内形成，但这条规则必须在考虑具体的情形后再使用。绝大多数情况下，这条规则都是适用的，因为黑子群之间的距离会远远超过 10 度。

在能看到整个日面的放大倍率下，画出所看到的黑子群草图，而后将目镜切换至 90~100 倍，我首先从某个边缘开始，仔细扫描着黑子区，寻找任何其他微小、紧密且黯淡的黑子群。谨记，一个孤立的黑子应被看作一个黑子群，如果找到了这样的一个黑子，就把它记录在草图上。使用红色/橙色的附加滤光片来帮助从背景中区分出黑子，考虑到更高的放大倍率下视场会更暗，因此滤光片的色度需要比之前的更浅一些。

一旦我确信正确记录了所有的黑子群，我就会沿用 90~100 倍的目镜，从太阳的一侧开始检查每一个黑子群，对其中的黑子进行计数。我把每个黑子群中的黑子总数写在草图上相应的正方形或者长方形的旁边，随后再继续数下一个黑子群，直到把所有的黑子群数完。

对此，很多人会问："什么是黑子，什么不是黑子？"首先，米粒和微黑子这两者就不能算作太阳黑子。米粒特征平平无奇，而微黑子比米粒更暗，平均直径在 2~3 角秒。太阳黑子的本影比微黑子更暗，直径有几角秒，大到足以用肉眼看到。任何连在一起的黑子都只能算作一个，一旦分裂开来且不再相互接触，就把它们当成两个黑子。亮桥会将一个太阳黑子分隔开来，在黑子完全分离之前，要把它视为一个黑子。半影以及半影纤维同样不能被当作黑子，倘若很难区分它们，可以尝试亮度测试，将疑似的黑子与周围已知的本影特征相比较。如果亮度差异很大，则将疑似的黑子定为半影。而如果亮度相似，就排除嫌疑，把它算作一个黑子。多年来的观测告诉我，在黑子计数这门"艺术"中，经验才是最好的导师。

在数完所有的黑子后，注意如果是在太阳黑子极大期时，黑子的总数能轻松地突破 100 个。因而，我会回到原点，重新再数一遍。黑子数目一多，很容易就会在这儿或那儿遗漏一个，所以我会根据需要去纠正卡片上的笔记。第二次确认好黑子的数目后，填写完卡片上剩余的数据：日期、完成计数时的世界时、视宁度和透明度的估计值以及使用仪器的相关数据。留心一下，目镜是用于黑子计数的，不是用来评估黑子群的。相对黑子数是根据我的黑子群总数与黑子总数计算而来的，并且要填写在卡片上。所有的观测卡片都要归档，直到完成每月的报表并提交至有关组织。

除了上述的卡片法以外，还有一种为想要有更详细观测计划的统计人员专门准备的方法，这种方法是在剪贴板或者笔记本上做一份日志表。图 5.2 展示了一张日志表的样例，表中说明了一个特定的月份太阳黑子计数的情况。一些组织所提供的月度报表和该表相似，而这张表是我在家用电脑上自己设计的，当我需要时打印此表的副本就行了。你会注意到，日志表可以比卡片记录更多的信息，表头以及各栏的信息如下：

"UT"：观测完成时的世界时

"S"：（角秒法定义下的）视宁度条件

"T"：天空的透明度，分极好（E）、好（G）、一般（F）和差（P）四档

"Gn"：太阳赤道以北的黑子群数目

"Sn"：太阳赤道以北的黑子数目

"Gs"：太阳赤道以南的黑子群数目

"Ss"：太阳赤道以南的黑子数目

"G-total"：黑子群总数，等于 Gn + Gs

"S-total"：黑子总数，等于 Sn + Ss

"R"：相对黑子数，由公式 $R = 10g + s$ 计算获得

为了方便起见，每月的总数和平均数都放在表格的底部。平均数是基于实际观测的天数，而不是一个月含有的天数。考虑到每天要使用相同的仪器进行观测，所以可以把页脚处记录望远镜的数据预先印在每张表上。另外，还要注意表格中放大倍数是用于单个黑子计数的，并非用于黑子群。

有可能的话，从卡片或者记录表中收集相对黑子数 R，并画出 R 随时间变化的关系图。同样，我们从使用到的工具中还可以得到一个黑子群的统计量，叫作"平均日频率"（mean daily frequency，简称 MDF）。计算某个月的 MDF，需要将黑子群的每日总数相加，然后除以观测的天数。在图 5.2 中，该月的 MDF 为 6，也就是先求出"G-total"这一栏的总和（114），然后除以观测天数（19，即有条目记录的天数），就可以得到 MDF。MDF 的求算和太阳黑子计数一样简单，它仅仅需要留意太阳上包含了可见黑子的活动区数量。当画出随时间变化的关系图时，MDF 就能展现太阳活动在一个周期内的高低起伏。

根据黑子和黑子群形成时所在的半球划分，并将它们的信息绘制成表格后，可以进行更为复杂的研究。日志表中就包含了 Gn、Sn、Gs 和 Ss 这一类的信息。收集这些数据是非常重要的，因为一个半球上发生的活动数量可能远远小于另一个半球。在另一类观测项目中，观测者可以在日面坐标上确定黑子群的纬度。当画出黑子群纬度与时间的对照图时，会产生一幅独特的图案，由于其形状很像蝴蝶，故被称作"蝴蝶图"。蝴蝶图直观地显示了随着太阳周期的推移，黑子从高纬度地区向赤道地区迁移的过

Daily Sunspot Count   MONTH/YEAR _____ June ___/___ 2003 ___

	UT	S	T	Gn	Sn	Gs	Ss	G-total	S-total	R
01	1530	2"	G	2	12	2	12	4	24	64
02	1530	2"	G	2	15	1	6	3	21	51
03										
04										
05	1545	<1"	E	4	25	2	2	6	27	87
06	1540	2"	G	4	50	2	6	6	56	116
07										
08										
09										
10	1615	5"	F	3	87	3	59	6	146	206
11	1619	2"	F	4	83	3	69	7	152	222
12	1544	1"	G	3	51	3	89	6	140	200
13	1530	1"	G	3	30	3	85	6	115	175
14	1530	2"	G	3	9	3	42	6	51	111
15										
16										
17	1650	3"	G	2	14	4	29	6	43	103
18	1647	4"	G	2	15	4	26	6	41	101
19	1550	4"	F	2	17	4	57	6	74	134
20										
21	1626	2"	F	3	26	3	72	6	98	158
22	1645	2"	F	2	20	2	54	4	74	114
23	1640	3"	F	2	33	3	31	5	64	114
24	1635	2"	F	3	41	2	35	5	76	126
25	1700	1"	G	5	38	3	16	8	54	134
26	1725	1"	G	6	54	2	14	8	68	148
27										
28										
29	1538	3"	G	7	32	3	33	10	65	165
30										
31										
	Monthly Total			62	652	52	737	114	1389	2529
	Monthly Average			3.3	34.3	2.7	38.8	6	73.1	133

Aperture __125mm__ fl __2200mm__ Eyepiece fl __25mm__ Magnification __90x__

Filtration _____ Baader Visual Objective + Wratten #21 _____

图 5.2 2003 年 6 月的日志记录表

程。而要梳理这些详尽的研究细节，其关键在于黑子群是在太阳赤道的北方还是南方。如果你还记得的话，当地球在其公转轨道上运行时，太阳像是在"摇头晃脑"，其表面上的赤道位置每个月都在变化。尽管轻而易举地就能辨别天体方向，但透过目镜所看到的真实太阳方向只是一种估计，对于这种类型的数据收集来说，并不可取。

定位太阳赤道位置的一种方法就是使用适当 Bo 值的斯托尼赫斯盘，模板盘能够在观测当日的照片或者手绘草图上进行定位。如第四章所述，测量整个日面照片时，赤道的位置显而易见。然而，并不是所有观测太阳的人都是摄影师，所以必须采用一个稍微不同的方法来完成这项任务。

霍斯菲尔德金字塔是制作位置图的理想选择，完成后的图同样可以用斯托尼赫斯盘进行测量。为了制图，我在投影屏幕上放置了一张白纸，纸上有一个被两条相互垂直的线所分割的圆盘。重要的是，这个"空白圆盘"的直径与斯托尼赫斯盘的直径相同。调整太阳的投影图像，使得它能与圆盘的边缘重合，然后旋转圆盘直到某个太阳黑子能准确地沿着其中的一条分割线进行漂移。随后我用铅笔标注出天球东西线的两端，而与这条线垂直的另一条线则代表着天球的南北两端，相应地也标记上南北两点。如果观测者使用的是一台装有赤道经纬仪的望远镜，那么可以轻松地完成上面这些步骤。但假如望远镜装配的是地平经纬仪或是多布森式装置，手脚就要麻利点，否则当地球公转时会经历场旋，从而影响绘图的准确性。

将太阳投影出来的圆盘放置在画纸的中心处，用点、短线、圆、正方形或长方形，总之随便它们中的哪一个，仔细地标记出你看到的所有黑子群位置。当然，对于计数来说，并不需要用艺术的表现来描摹黑子群。这一项活动的目的是要确定黑子群在太阳表面上的位置，一旦确定了所有的黑子群，就可以在投影屏幕上获得可见黑子的数目。然而，最好还是用直接观测的方法对黑子计数，原因之一是，在发育良好的黑子群中存在着大量小的黑子，如果采用投影法，它们很可能会淹没在投影屏幕的纹理之中，从而改变最终的计数结果。除此以外，通过望远镜直接观测太阳时，对比度可以得到进一步的改善，尤其在使用了附加滤光片时，黑子会变得更加明显。因此，我采用的技巧是，在标记完黑子群位置后，将画纸从投影屏幕上移开，换上物镜滤光片，开始给黑子计数，同时在画纸上记下每个黑子群内可见黑子的数目。

当然，当观测完成后，应该把所有与之相关的信息记录在图纸上：日期、时间、视宁度条件等。随后，我会用量角器找出太阳北极相对于草图上南北线的位置角。在图上用铅笔标出正确的 P 值，并将观测日当天带有正确 Bo 值的斯托尼赫斯盘放在图纸上。此时，赤道一目了然，就能很清楚地分辨哪些黑子群是在北半球，而哪些又是在南半球。

如果一个黑子群很明显地远离太阳赤道，那么就没必要借助斯托尼赫斯盘来辨别它属于哪个半球了。然而，大部分黑子群就只是在赤道附近几度的区域内形成，因而准确地定位它们就绝对有必要了。这一情况通常发生在太阳黑子极小期，因为根据斯波勒定律，在太阳周期快结束时，黑子会在较低纬度的区域内形成。

极区光斑

对于白光观测者而言，另一个统计项目便是对极区光斑进行日常的监测和记录。这种现象常见于日面纬度 55 度以上的太阳边缘处，在光球层中以小亮点或是细长斑点的形式出现。极区光斑的寿命从几分钟到数天不等（见第四章）。

在视宁度很好的时期，假如用孔径至少是 100~125 毫米的望远镜进行直接观测，对这个活动来说是最为理想的。极区光斑通常很小，而且对比度很低，因此很难用太阳投影屏幕来观察。同时，建议在光谱的绿色区域中使用带有附加滤光片的物镜滤光片，配合望远镜一起用于观测。

检视极区光斑的目的是在一次观测期间，记录可见的光斑数量。由于许多光斑稍纵即逝，因此并不需要花费大量的时间去检视它们。首先，以大约 75~100 倍的放大倍率在南北纬度 50 度以上的太阳边缘，并向太阳中心的约四分之一半径进行扫描，按照从太阳一侧穿过极区后到达太阳另一侧这样的弧形路径扫视一遍。重复几次以确认注意到的任何光斑，然后在另一半球上也这么做。但必须认识到，在一年中的某些月份，太阳的北极或南极会朝向地球，每当这些时候，一个区域内的光斑会比另一个区域的更有利于观测，如果两个半球上的光斑数量出现不平衡的情况，则是意料之中的事。

制作一张用于记录极区光斑的日志表不过是小菜一碟，只需在之前记录太阳黑子的日志表上增加一两栏就行了。两栏分别用于记录太阳南北半球上可见光斑的数量，或者只用一栏记录两者的数目之和。月末时将各栏相加，并除以观测天数，就可以得到月度的统计量了。有些乐此不疲的观测者，在更长时间的观测中，会尝试用视觉方式（图像、手绘）去记录其中一些事件的生命周期。然而，这已经不再属于统计研究的范畴了，反倒更像是在形态学上做出的努力。

5.3 ┃形态学

对太阳特征外观变化的研究被称为形态学研究。太阳黑子的细节照片、含有黑子位置的整个日面草图或图像，以及光斑或者米粒图案的高分辨率照片，这些都是太阳形态学研究获得的数据例子。这是一个许多观测者都认为非常有成就感和令人兴奋的领域。百闻不如一见，一张照片抵得过千言万语的描述，这句箴言在从事形态学研究的太阳天文爱好者眼中一直真切无比。

任何视觉或影像记录的出发点，本质上都是为了讲述一个事件的情况。天文摄影师哪怕只拍到了一张清晰的太阳照片，他就把握住了这段时光。这就是我们观测的价值所在，因为太阳的变幻无常，一切都值得同等地记录下来，每个事件都有自己的独到之处。而形成了一个"系列照片"后，对于说明太阳不断变化的面貌特别有价值。最能说明问题的一些系列照片是太阳黑子的发展过程。黑子首先在太阳东侧的边缘出现，随后在日面上行进演化。而光球层上的一簇小黑子则能迅速演变成一个巨大的黑子群，这一切都发生得如此迅速，甚至出人意料。资深的爱好者还会根据这样的系列照片制作延时影像，让原本短暂的太阳观测经历变得生动活泼。

绘图还是照片？

正如之前所说，本书并不强烈提倡手绘太阳的特征。诚然，有时铅笔和白纸是记录某个事件仅有的方式，并且草图能很好地满足标注记录的目的。然而，在 21 世纪，随着许多记录设备（胶片和数码相机、电脑摄像头等）变得触手可及，以及家用电脑的普及，这些使得手绘太阳特征变为了一项修身养性的活动，而非能产生科学上有用结果的工具。

一张高质量的图像远比一张绘图更能准确地表达一个太阳特征，当然，不排除你有着高超的手绘技巧。谨记，太阳特征是不断变化的，因而绘制一张详尽的图画需要耗费很多时间。从开始到完成图画的期间，一个特征的外观往往就已经改变了，有时这个变化甚至会非常明显。而照片就不存在这样的问题，它可以有效地将时间定格在按下快门的瞬间，对太阳的曝光只是一眨眼的事儿。即便是一位拥有普通数码相机的人也能拍出可靠的照片，并且能与上一代业余爱好者拍摄的最佳照片相媲美。因此，如果业余爱好者对太阳形态学感兴趣，最好把精力用在拍摄太阳的照片上，而不是试图去手绘那些观测到的特征。以此为基础，在接下来的几页中，我们将介绍几个太阳爱好者可以采用的摄影方案。为了避免重复，更详细的摄影技术指导会在之后的一个章节"太阳摄影"中展开说明。

全日面摄影

在世界各地，专业的太阳观测站每天都在获取白光下的全日面照片，以及特定波长下的太阳图像。这些图像会用于分析活动区的运动和趋势。当然，并不是每个观测站全年都有着理想的天气和视宁度条件，而这就给业余的天文爱好者提供了机会，让他们能够为日常的数据收集做出贡献，也就是参与观测组织的摄影项目。通过填补专业观测站遗漏的空白，业余太阳摄影师在为太阳天文学做出贡献的同时，也能乐在其中。

获得一张白光太阳的全日面照片，与拍摄月球图像相似。实际上，常常建议太阳摄影的新手在一开始先试着拍拍月相。因为在掌握了拍摄清晰月亮照片的必要技能之后，此时再去拍摄太阳会更容易些。月亮有着如此丰富的景象，在明暗界线附近的景观更是对比强烈，只需拿出相机对准它后按下快门，惬意轻松。拍摄月亮和太阳的曝光时间相近，因为大多数滤光系统能有效地将太阳的亮度降到与满月差不多的程度。在拍摄太阳这样具有挑战性的目标时，有过一定的成功经验是很重要的，由于太阳特征的对比度往往很低，有时很难在白天不断变化的天空中看到，因而可以通过拍摄月亮来小试牛刀。

若想进行整个日面的拍摄项目，观测者最好在每个晴天都去拍摄太阳。倘若你只有周末有空观测，那就无法指望为这一项目做出系统性的贡献了。然而，一旦拍摄进入了常态化，那每天只需抽出几分钟的时间就可以获得必要的太阳图像了。全日盘摄影很适合那些能允诺进行长期观测，但每次又只有少量时间的观测者。一台普通的数码相机以及一台家用电脑，这就是拍摄太阳所需的额外设备，而这些都能在如今的家庭中找到。

每天获得一张清晰的太阳照片，并且照片能表明日面上白光特征的位置，这就是全日面摄影的目的所在。照片应该有一个标准格式，这样就可以在每天的照片之间进行合理的比较。以及照片的正确方向应是天体北侧在顶部，东侧在左边，这就像当太阳在子午线上时，北半球观测者朝向南方看到的样子。此外，在照片中做好标记，准确地指示出这些方向。

一些专业的观测站使用 P 的日值来调整方位，这样就能让太阳南北轴线在照片上看起来始终是垂直的，而正确的天体方向则可以用上一章节中提到的十字准线或是细线校正法来找到。还可以用另外一种方法来定义方向，放置相机，使得屏幕边框的四个边缘分别与南北线和东西线平行，而后通过相机的取景系统留意太阳黑子的漂移，仅仅如此就能做到方向的定位。做一下双重校验，以确认最终照片的方向是否正确，具体的做法是，将照片中太阳黑子位置与之前用于黑子计数的草图比较。因为很容易会不小心翻转照片，把东当成西或把北当成南。

全日面照片也应该制作成标准的 20 厘米×25 厘米的格式，并且日面的直径为 18 厘米。尽管这一大小并不是一成不变的，但却是大多数专业天文学家偏好的尺寸，因为这样的日面足够大，能看清楚米粒大小的细节。同样，用于在显示屏上观看的数字文件也可以为 18 厘米大小的日面，但分辨率至少为 72 点/英寸。与之相关的信息必须含在照片之中，既可以在传统摄影图像的背面，也可以嵌入到数字文件内。假如没有这些信息，就失去了观测的价值。识别一张全日面照片最好的方式是通过拍摄时的日期和世界时。另外，还应当包括观测者的名字，有关照片拍摄时视宁度条件的信息，以及诸如望远镜、使用到的滤光片、曝光和记录介质这样的技术数据。

自然，全日面图像中最为显眼的数据是光球层当前的状态。是什么正从东侧边缘随太阳旋转进入视野，而又是什么在西侧消失？其他区域在发生着什么？所有这些特征的日面坐标都可以从观测中快速地推断出来。对不同纬度地区在一段时期内的坐标进行比较，能很好地看出太阳的较差自转。而一系列的每日全日面照片同样描绘出了一幅生动有趣的太阳活动图景。黑子带在这幅图中鹤立鸡群，在太阳赤道南北约 35 度的区域内延伸发展。当与时间对照起来看时，太阳黑子的纬度从极区到赤道会表现出一种有趣的迁移模式。偶尔，观测者还可以在特定的经度区域内辨认出太阳黑子活动的另一种模式，这一切都可以通过全日面摄影项目探索发现。在本书的第四章中，有通过斯托尼赫斯盘确定日面坐标的说明。

一张全日面照片的分辨率通常为 2~3 角秒。但想要在整个光球上遇见 1 角秒这样极佳的视宁度条件，是非常罕见的，因为地球大气层的宽容度并没有那么高。尽管如此，即使在很一般的视宁度下，许多特征的演变也是值得我们去留意的。像是本影和半影的生长与衰败，黑子群的磁扭绞和旋转，亮桥的发展以及突然在图像中出现的小黑子和微黑子（虽然后来很快就消失了），这些特征都能在日面照片中得到验证。在摄影过程中，甚至还有难得一见的白光耀斑，说不定也会突然"闯入"。全日面摄影真的是熟悉太阳本质的一个极佳方法，更重要的是，按下快门的时刻已经永远定格于观测者的生命之中，瞬间成了永恒。这是一段无法复刻的时光，却可以在未来任何时候拿出来回味和分析。

在摄影师完善了太阳形态学这一领域中必要的技能后，接下来需要做的就是为指定的活动区创作出更加精细的照片。拍摄像太阳黑子、光斑这一类的特写照片要有足够的耐心，对细节的关注，以及一些运气成分。

活动区摄影

关于活动区的摄影，主要是拍摄太阳上活动中心的高清图像，其分辨率要不低于 1 角秒。这样高分辨率的摄影要求对新手来说可能特别具有挑战性，虽然这并不一定需要很高超的技术，但大气层却始终在与我们作对。当太阳图像被放大到能方便观测更精细的细节时，视宁度和仪器的缺陷也会随之被成倍地放大。

在一天中，适合这项工作的大气条件通常很短，这就意味着"正确的时间与地点"是至关重要的。对于观测者来说，米粒是一个很好的指标。当米粒清晰可见，此时分辨率至少为 1 角秒；如果米粒模糊不清，但依旧能辨别出来，分辨率就在 2~3 角秒。其余更糟糕的都属于视宁度很差的情况了，并且也不值得我们再去拍摄。当然，除非某些特征正经历着演化阶段中重要的改变，而且观测者之后不会再遇到相同的情况。

对于那些几乎在每一个晴朗的日子里都能观测太阳的爱好者来说，全日面摄影是理想的。而对于那些拍摄活动区的人来说，只能在他们有空或者有一个突发事件需要特别注意的时候进行观测。一旦有了一套既定的流程，就可以迅速拍摄一张全日面照片。另一方面，与全日面摄影相比，活动区的摄影需要分配较长的观测时间，同时在这期间爱好者需要一直监视视宁度条件，并且在视野最清晰的时候拍下照片。如果你想要表现一个完整的太阳活动，那么在事件发生期间，每天的标准就是在望远镜前待上一小时。

不仅一个完整适时的系列照片能令人印象深刻，单张快照同样能吸引人的眼球。有时，我们没法连续几天都去观测，整个项目里只包含零星或是间隔不规则的几张照片，而且一般情况下视宁度会使得照片的质量无法统一，这就导致最终许多照片都不能使用。但妙手偶得的一张高质量照片，却能包含其他观测者不一定能记录下来的重要信息。虽然，单张照片就只讲述了一件事：这就是此刻太阳上发生的一切，但当一张夺人眼目的照片与其他同样耀眼的照片结合在一起时，一个太阳活动的完整诗篇也许就勾勒出来了。而你手中的单张照片，正是诗篇中缺失的那一个章节。

太阳观测者可以拍到的一个不寻常特征是极区光斑。这是一个小且对比度低的瞬时特征，通常出现在黑子区以外。可以使用绿色或蓝色的附加滤光片进行观测，以增强较小的、几乎是点状的光斑。虽然给极区光斑的位置和形状来一张快照十分有趣，但捕捉一系列光斑诞生和衰败的照片同样很有教育意义。极区光斑的寿命相对较短（在一些情况下只有几分钟），这意味着一次观测就能完成整个项目。

类似地，监测靠近太阳东侧边缘附近黑子区内出现的光斑，可以有机会捕捉黑子群早期的发展状况。太阳黑子起源于光斑附近形成的微黑子，逐步成长为本影后，继续发展成半影，最终变为一个成熟的太阳黑子。但并非所有的微黑子都会经历这样的演变，其中许多微黑子在到达本影阶段之前就已经衰败灭亡了。通过对一组微黑子的持续观测，特别是那些与大且明亮的光斑区相关的微黑子，很可能会记录下一个黑子群在几个星期或更长时间内的完整生命周期。而如果观测一个不含微黑子的明亮光斑区，则可以拍摄到单个光斑从出生到死亡的生命历程。

对于业余爱好者来说，一个更进阶的项目是拍摄太阳黑子本影的细节。本质上，通过增加数倍于正常的曝光直到太阳黑子最暗的部分都能累积充足的曝光，就能实现这样的拍摄效果。尽管这样做会导致光球层上的米粒组织和半影结构在照片中不可避免地被过曝与破坏，但米粒、本影点、亮点、亮桥内某些突出的细节以及核心将会变得清晰可见。太阳黑子的核心部分是本影中有着最强磁力的区域。因为这个区域不仅有着峰值密度，而且根据斯特藩－玻尔兹曼定律，它的温度也最低。

想要创作出一张深层次的本影照片，优秀的视宁度条件是不可或缺的，否则，米粒细节会变得模糊不清。考虑到本影的亮度

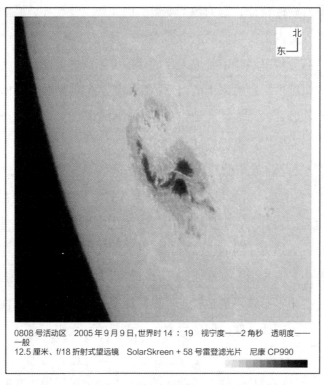

图 5.3　在巡视过程拍摄到的活动区照片

不同，因而曝光要恰到好处。另一种解决亮度不同问题的方法是，在望远镜的第一焦点处引入一个可调节的光圈，以阻挡除了本影以外的所有光线，因为不相干的散射光对本影这样的低对比度特征是不利的。当你深入本影时，你就会发现其中有意思的结构，而这些都是传统摄影中通常会忽视的部分。

　　还有一种检查太阳黑子及其周围区域的方法是创建一张等照度图。等照度图是一种灰度或彩色图，它可以勾勒出具有相同或相近照度的区域。对于观测者来讲，辨别出本影中的微妙对比非常具有挑战性。但在使用这种太阳研究的技术后，观测者有望认出一些有趣的特征，它们包括本影的内亮环、外亮环、微弱的亮桥以及本影内强度最低的点（即本影核心）。

从高分辨率照片中生成现代的等照度图需要借助计算机上的图像编辑软件，过去采用的暗房技术需要人们花费数个小时来制作蒙版和胶片，才能在底片中分离出不同水平的照度。如今，这项工作只需要点点鼠标就能完成。

图 5.4 是将太阳照片生成等照度图的一个典型例子。这张照片摄于 2001 年 4 月 5 日，其中编号为 AR9415 的黑子群正在太阳东侧边缘活动着。在等照度图中，那些色度相同的区域就是照片密度相近的地方，因而也具有相近的太阳温度。注意，在这两组黑子群中，前导黑子（在西侧）都有着更大的密度，这标志着每组黑子群中本影核心的位置。这里同样也是这些黑子本影核心的位置。有关制作等照度图的内容将在之后的"太阳摄影"一章中说明。

与全日面照片一样，活动区的照片必须记录下拍摄时的日期和时间（精确到分钟）。此外，在照片上标记上拍摄区的 AR 编

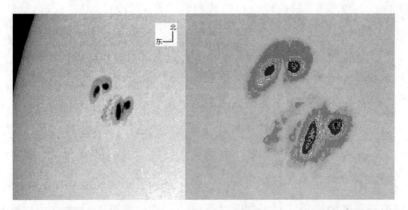

图 5.4　AR9415 的常规图像。右边的等照度图展示了左边图中密度和温度相近的区域。

号，记下天空的视宁度条件，以及有关望远镜、滤光片、曝光等的技术信息，别忘了还有观测者的名字。这些数据可以放在传统冲印照片的背面或者嵌入数字图像中。

如果方向是标准的北在上、东在左，那么最终在屏幕上的照片或是冲印出来的照片是很方便查看的。因为当北半球的观测者面朝南方观测天空中出现在子午线上的太阳时，照片中的方向会与此时的方向相吻合。习惯上，要在最终的照片上标注指针，以表明照片中的方向。你也可以在望远镜前对你要拍摄的太阳黑子或者太阳的其他特征画一个粗略的草图，并在上面标示天体的方向，以便后期在电脑上处理图像时可以快速参考。

第六章

太阳的单色观测

6.1 | 光球之上

在第一章中，我们用棒球打比方，描述了太阳内部的多层结构。对于构成太阳大气的多层结构，我们把其中的第一层类比成了棒球最外面的覆盖物或是球的外壳。这一层被称为光球层，可以在太阳连续谱的累积光线中看到。这一层不仅是太阳黑子和其他现象的起源地，而且还是太阳里光子最大数量的出处。光球层完全主宰着太阳大气的亮度，其外部的另两层，色球层和日冕层，与之相比要黯淡不少。

光球层的正上方就是色球层，该层是一个低密度、近乎透明的气态区域，厚度在 2000 千米左右，平均温度为 10,000 开尔文。天文爱好者可以研究色球层中大量壮观的活动，像针状体、日珥、暗条、耀斑，这些都是色球层中能经常观测到的几个特征。在日全食期间，可以通过围绕在太阳边缘的红粉色圆环来确认色球层的存在。1979 年 2 月，在加拿大马尼托巴省布兰登市发生了日全食现象，这让我第一次有机会去仔细观察色球层。我被这美丽的色环以及伴随发生的日珥彻底征服了，自此，太阳天文学就深深地吸引了我。许多人都认为这种经历所带来的震撼不亚于第一次通过望远镜看到土星。而在我经历观察土星与太阳色球层这两件事后，我也可以拍着胸脯保证，色球层确实令人叹为观止。在色球层之上且延伸到太空的太阳大气是日冕层，该层大气是珍珠般的白色。

实际上，日冕层是各种颜色的混合，从紫色到红色的整个范围内都有。日冕层的亮度极其微弱，与光球层相比，要暗上 100

万倍。除了在日食期间，察看日冕的唯一方法便是使用一种叫日冕仪的精密专业仪器。地基日冕仪是一种对清洁度极为讲究的仪器，它包含一个遮掩圆面，用来掩盖住光球层刺眼的光线。专业的日冕观测通常会位于高山之上，以避免地球大气层的散射效应。当然，如果能在航天器上，或在专门为太阳研究而设计的卫星上进行观测，则是最好不过的。而在日全食期间，只给天文爱好者留出了几分钟的时间对日冕进行研究。

正如我们之前所讲，由于色球层与它下面的光球层之间在亮度上存在着巨大的差异，所以想要看到色球层是很困难的。这就如同在高能探照灯打出的光束前放一根点燃的火柴，却又企图想看清火柴的模样，但小火焰在探照灯的光束面前相形见绌。类比到太阳中，当我们试图看到较暗的色球层时，光球层就是那道抢眼的光束。如果把光球层的光线"关掉"，我们就能看到色球层了。当然，我们不可能真正"关掉"光球层的光源，但我们可以阻挡多余的光线，用这种方式保留下色球层的光。

现代的太阳观测者通过一种特制的滤光片来观测太阳，从而达到上述目的。源自光球层的多余光线能被有效地过滤掉，整个视野中只留下色球层，而这种方式下观测到的图像就叫作单色像。

6.2 吸收与发射

　　如果用棱镜或者衍射光栅等色散装置将太阳光线分散成一道彩虹光谱，然后用眼睛仔细观察，可以看到一些细小的暗线横贯在光谱中。约瑟夫·夫琅禾费（Joseph Fraunhofer）在19世纪初就注意到了这一奇特现象，如今这些被称为夫琅禾费谱线，它们产生的线条和图案实际上代表着光球层中发现元素的组成特征。谱线就像是"活化石"，能帮助天文学家了解我们的太阳、恒星以及数百万光年之外的遥远星系的化学成分。

　　在实验室里，化学家们发现，如果将一种元素加热至汽化并发射出光线，就能在分光镜（或光谱仪）中观察到该元素所特有的一组谱线。化学家们还从发射光中发现，夫琅禾费谱线不是以暗线而是以亮线的形式显现。以这种方式测得的元素亮线，与在光球层中发现的一组相同暗线能够对应起来。那为什么这些谱线有时是暗线，有时却又是亮线呢？而导致谱线出现的主要原因又是什么呢？

　　古斯塔夫·基尔霍夫（Gustav Kirchhoff）是19世纪的物理学家，他对元素的谱线进行了研究与分类。通过他的工作得出的定律奠定了我们如今对于光谱分析理解的基础。基尔霍夫定律指出：（1）一个热的、致密的、发光的物体会产生一条没有谱线的连续光谱；（2）通过较冷的透明气体观察连续光谱，会看到称之为吸收线的暗线出现，这取决于存在于中间气体中的原子能级；（3）热的、透明的气体会发出明亮的谱线，被称为发射线，这同样取决于原子能级。

基尔霍夫定律的关键在于观测者看到的前景与后景物体之间的相对温差。如果前景物体比后景物体冷，就会产生吸收谱线；反之，就会出现发射谱线。在光球层之下，太阳会产生没有谱线的连续谱，这是因为那里的气体是致密且不透明的。光球层由于其温度比下面的致密层要更冷，所以会产生暗的谱线。色球层，特别是在它的边缘处，由于有一个更冷的天空作为背景，因而显得它很明亮。

产生吸收与发射光谱特征的主要原因是，组成元素的原子会在特定的波长处吸收或发射光子。氢原子是宇宙和太阳中最丰富的原子，也是结构最简单的原子，它由一个质子核与轨道上的一个电子组成。电子可以有不同的轨道状态，或者说有不同的能级。当吸收了光子能量时，电子会跃迁到一个较高的轨道或能级；而当光子能量在激发过程中被释放或发射时，电子又会跃迁回一个较低的能级或轨道上。这些能级的变化，即光子的吸收或发射，是产生光谱中所能看到的夫琅禾费线的原因。

氢在可见光波长中会产生几条叫作巴尔默线系的谱线，这些谱线以一位教师约翰·博尔默（Johann Balmer）的名字命名。约翰·博尔默成功辨识了这些谱线所形成的样式，而整个巴尔默线系中的第一条谱线位于 656.3 纳米处，被命名为 H-alpha 线。H-alpha 线的意义在于，它是色球层中较亮发射线之一，而色球层呈现红粉色主要就归因于 H-alpha 线的主导地位，并且该线位于光谱的红端。

色球层中另一条值得注意的发射谱线是位于光谱蓝端 393.3 纳米处的谱线，它仅是钙电离所产生的 K 线，被叫作 Ca-K 线。

在色球层中，H-alpha 线和 Ca-K 线是致密且不透明的，但对于源自色球层以下的连续光谱来说，H-alpha 线和 Ca-K 线却是透明的。因此，当我们只观察来自这些谱线的光时，光球层看上去就很微弱。如果使用一种只能通过特定波长的 H-alpha 线和 Ca-K 线的设备，那观测者就能看到色球层的特征。

6.3 色球观测历史

　　如今天文学家用于太阳单色观测的特制滤光片，是一样相对比较新颖的东西。在 1930 年之前，除了在日食期间能直观地看到色球，看清色球的唯一方法是通过巧妙地操纵分光镜，或使用分光镜的衍生品 —— 太阳单色光观测镜 —— 来构建一个单色的视图。分光镜是一种用来将光分离成不同颜色成分的光学设备。从早些年的单色观测开始，分光镜这一仪器的发展过程就很有意思，哪怕只是去了解我们是如何拥有如今的成果的，这一过程也十分值得回味。

　　在过去，太阳边缘出现的被称为珥的扰动的现象，只有在日食这样不常见的现象出现时才能观察到。天文学家很难确定，这些珥究竟是太阳、月球还是地球大气层的现象。有一种假设认为，它们是月球上的云层，在日全食发生时，阳光穿过云层，使之变得可见。一直到 19 世纪中期，当摄影技术用于天文学时，才揭开日珥的神秘面纱，在这之前，人们研究它的时间非常短。在 1860 年 7 月发生的一次日食中，沃伦·德·拉鲁（Warren De la Rue）终于通过摄影记录下了日珥的真实面目。然而，色球的边缘特征仍然只能在日全食的几分钟内可见。

　　1868 年，在印度贡土尔发生的日食为法国的儒勒·让森（Jules Janssen）提供了一次机会，他利用装载在望远镜上的分光镜研究了日珥。从观测中他发现，所观察到的谱线都是发射的且相当明亮。他还推测，也许能在非日食期间的白天里观测到这些谱线。于是，第二天他继续观察并再次确定了亮线的位置，同时也发现了通过移动望远镜和分光镜相对于太阳的位置，就能追踪某个日珥的形状。

诺曼·洛克耶（Norman Lockyer）是一位英国的天文学家，在几周后也复现出了让森的观测结果，但由于他们对各自发现的宣布存在延迟，因而二者都被认为是这项发现的拥有者。同年的晚些时候，另一位英国的天文学家威廉·哈金斯（William Huggins）成功地通过分光镜捕捉到了一个日珥。哈金斯发现，如果把分光镜的光缝打开，就有可能看到更广阔区域中的日珥。在接下来的几十年里，分光镜一直都是太阳天文学家在单色光下研究边缘特征的主要利器。

日珥分光镜的功能简单，就连业余的望远镜制作者都可以组装。其组成部分包括一个可调节的入射狭缝、一台准直器、色散元件（现在通常为一个透射式或者反射式的衍射光栅），以及一架望远镜。入射狭缝位于主望远镜的焦点位置，准直器的作用是把从狭缝中出来的光束变为平行光，以便作为后续色散元件的有效输入光源。衍射光栅是整台分光镜的核心部件，在低膨胀的基板（如玻璃）上划出细小的沟槽，就能形成衍射光栅。当光线从光栅上透过或反射时，光线就能被色散。光栅的色散效果与早先观测者使用棱镜的效果相似，但效率更高。至于观测用的望远镜，是为了放大观测光谱的视图。

将太阳边缘对准分光镜的入射狭缝，同时将 H-alpha 线滤光片置于望远镜目镜的中心，便可开始观测日珥。小心地打开狭缝，检查视场内是否有日珥出现。如果尚未出现，那就把分光镜重新定位到太阳边缘的另一片区域。入射狭缝的打开程度是有限制的，否则打开过大会最终导致背景过于明亮，从而使日珥变得难以观察。由于分光镜的安装布局大相径庭，找准位置这一步也许是日珥的研究中最为烦琐的部分，在操作分光镜相对于太阳边缘的位置时，需要耗费大量的时间与精力。

1891 年，乔治·埃勒里·黑尔（George Ellery Hale）提出了一种方法，将移动狭缝的概念引入了分光镜，使之能够在单色光下拍摄太阳。他的仪器被称作太阳单色光照相仪（spectroheliograph，简称 SHG），虽然这一仪器早在几年前就被提出来过，但却是黑尔独立地再次发明了这项技术，而且是第一位将其真正投入使用的人。与现代的窄带滤光片相比，太阳单色光照相仪的优势在于，它能对光学波段中任何波长的光谱进行观测。由于当时黑尔手头的摄影材料主要对蓝端敏感，因而他选择了位于蓝端的 Ca-K 线来捕获日珥。除了数次建立世界上最大的天文台外，黑尔还在太阳物理学领域取得了许多成就。像太阳黑子的磁场，以及云状区域的钙谱斑，这些都是黑尔发现的。

太阳单色光照相仪采用了两个狭缝来形成太阳的单色图像。入射狭缝、准直器、光栅以及望远镜，这些元件基本上都与分光镜中的相同。太阳单色光照相仪和分光镜的区别在于，后者把前者的目镜替换成了靠近传感器的出射狭缝，从而能把单独的谱线分隔出来进行观察。通过在日面上统一地扫描两个狭缝，在选定波长内，就能把这两个狭缝宽度中一次获取到的太阳图像组合起来。但相反，如果将传感器（胶片或者 CCD、CMOS 这一类的电子传感器）换成目镜，就可以得到对应的另一种光学设备——太阳单色光观测镜。自黑尔的时代之后，一些技工在此设备的基础上制作了许多衍生版本。而绝大多数设计之间的区别在于对最终图像的合成方式上。振动狭缝、旋转棱镜以及可移动的反射镜，这些都是望远镜制作者可探索的方向。太阳单色光观测镜或照相仪往往都很笨重，不是很便携，因此最好在固定位置以及搭配上定日镜或定天镜时使用。

定日镜由一面或多面反射镜组成，这些镜子会将太阳光反射到一架固定的望远镜上。反射镜必须是电机驱动的，否则太阳会不断地飘离视场。而对于装载了定日镜的望远镜，其视场的转动问题是这套系统中的缺点。但如果两面反射镜都安装在了一台电机驱动的定天镜上，则可以维持太阳不动，并且不会让太阳绕着望远镜的光轴发生转动。定天镜是一套复杂的装置，其中的一面反射镜置于观测站所处的纬度上，而另一面镜子则负责将太阳光引向望远镜中。

太阳单色光观测镜是一台功能强大的仪器，它能够进行高质量的观测活动，比如光线中特定波长下的研究、太阳黑子的磁特性以及一些喷发特征的速度调研，这些都是观测镜所能做到的。

20世纪30年代初，法国天文学家贝尔纳·李奥（Bernard Lyot，也是日冕仪的发明者）做出了一项创新，并由杰克·伊万斯（Jack Evans）接过接力棒进一步将其发展。这套创新的设备允许在单色光下直接观测太阳，其中的李奥滤光片不再需要像分光镜那样对太阳光进行色散，而是采用了叫作双折射的光干涉原理进行工作，从而分隔出单色光的通带。当光束遇到特殊的光学玻璃，特别是方解石或者石英晶体时，就会发生双折射现象，即原先的一束光分解为两束光沿不同方向折射的现象。这两束光彼此偏振的方向成直角，并以不同的速度穿过晶体。根据晶体的厚度，一个光束的增益是另一个波长光束的一半，即两者的相位差为180度，并因此产生了相消干涉。通过将一系列不同厚度的晶体组合起来，就可以构建一个让任何波长的窄带光通过的双折射滤光片。

新的李奥滤光片可以在紧凑的空间中实现对 H-alpha 光的直接观测，这是以往从未有过的。早先的滤光片带宽超过 1 埃，这种带宽下只能观测到日珥，但随着有更窄的带宽可用，太阳表面的细节也可以看到了。如今高端专业的李奥滤光片是一种极其昂贵的产品，超出了大多数天文爱好者的消费能力。通过旋转滤光片的元件，李奥滤光片通常能在一个很宽的波长范围内进行调节。虽然晶体十分稀有且结构极其精密，但在业余爱好者的行列中，有一些昔日的杰出人物接受了自行搭建双折射滤光片的挑战。

带颜色的玻璃材质的雷登滤光片通过吸收发挥作用，具体来说，玻璃内的材质实际上会吸收某些颜色的光，而选定的颜色则会直接透过。然而，这种类型的滤光片对于通过光线的波长界线控制很弱。换言之，绿色滤光片可能允许少量的蓝光和黄光通过。另外还有一种能够传输窄带宽的滤光片，其外观与雷登滤光片相似，但工作原理却完全不同，这种滤光片被称为干涉滤光片。

19 世纪后期，查尔斯·法布里（Charles Fabry）和阿尔弗雷德·佩罗（Alfred Perot）研究了在两面间隔紧密的局部镀银反射镜之间多次反射的基础上，制作干涉仪的可能性。干涉测量是由干涉仪产生的多个光波叠加的结果，其目的是研究入射光波和出射光波之间的不同特性。在第三章简单探讨的现代干涉滤光片，是仿照法布里 – 佩罗干涉仪制作而成的。

20 世纪 30 年代期间，得益于薄光学镀膜技术的发展，使得干涉型滤光片成为可能。通过在精确制作的基片上镀上厚度与光波长相当的材料，便可制作出薄膜滤光片，旨在排除掉大部分吸收滤光片透过的偏带光。现代干涉滤光片的传输带宽已经降至 0.1 埃，当将这些特制滤光片的其中一种用于太阳观测时，可以获得接近李奥滤光片的令人叹为观止的视像，但整体封装体积更小巧，成本也更低。

在基本的干涉滤光片中，反射面之间存在着一个间隔，该间隔是由一种叫作隔离物（spacer）的薄电介质构成，而反射层本身是由高折射率和低折射率材料的几个薄膜镀层制成，这些材料可以是硫化锌或是冰晶石盐。这些镀在基片上的连续层被称为叠层。如果在两个这样的叠层中间放置前面提到的隔离物，就可以构成所谓的单腔带通滤波器。叠层中的层数以及隔离物的厚度都可以调整，以适应所需的带宽和波长输出。这种初级的滤光片设计并不能限制住所有不想要的波长，它们还是会通过滤光片。为了去除掉多余的波长，需要加入额外的层数，或者将一套滤光片插入其中，形成一个多腔滤光片。

干涉滤光片对通过光线的角度很敏感，其元件的厚度以及滤光片相对于入射光束的倾角，对滤光片的输出都至关重要。偏离光轴的陡峭角度会增加光线穿过滤光片的距离，从而有效地改变滤光片的透射比，使得波长更小，带通更宽。波长的改变量取决于滤光片的入射角和折射率，理想情况下，会选择平行光线去透过干涉滤光片。因温度而引起基片和镀层的膨胀和收缩，也会改变干涉滤光片的规格，在某些情况下需要一个温控箱来收纳滤光片。由于波长偏移会随着环境温度发生线性变化，因此滤光片需要在特定温度下进行工作。

对于那些期望探索特定波长下太阳的天文爱好者来说，薄膜干涉滤光片为他们打开了一扇大门。有时，一个滤光片都不会超过一片现代目镜的价格，并且这个价格是许多观测者承受得起的，但同样也不能被误导，因为高端的滤光片依旧是非常昂贵的配件。

不管怎样，通过上述介绍的任何一种设备去观测太阳，都是令人神往且激动人心的，就像业余爱好者第一次通过望远镜看到土星那般迷人。

在继续探讨之前，我们有必要先回顾一下一些常用的与滤光片以及单色光相关的术语。

6.4 滤光片相关术语

带通或带宽： 滤光片传输的波长范围或波段。

截止 / 截断： 滤波器带通以外波长的光衰减量。

中心波长（CWL）： 半高全宽中点所对应的波长。

双层堆叠： 一种通过额外添加第二个校准器来缩小校准器带宽的方法。

能量抑制滤光片（ERF）： 一种放在望远镜开口处的预滤光片，其目的是吸收或反射紫外 / 红外光，以减少干涉滤光片的热负荷。

校准器： 一种光学滤光片，其工作原理是通过一对平行的平面反射板去反射和透射光线，使光线进行多光束的干涉。它的原理基于法布里 – 珀罗干涉仪。

视场角： 外部光线进入望远镜内部所构成的夹角。例如，太阳出现在天空时所呈现的角度大小。

半高全宽（FWHM）： 在最大传输值一半处所测量的带通宽度，以纳米或埃为单位。

仪器角： 光线汇聚至望远镜焦点的夹角。

干涉滤光片： 一种在基片上镀有几层蒸发涂层的光学装置，其光谱的传输特性表现为光的干涉而非吸收的结果。

单色器： 任何能产生窄带单色光的设备。

纳米： 纳米是一种电磁辐射（光）的波长单位。1 纳米等于 1 米的十亿分之一（1×10^{-9} 米）。另一个经常用于光的波长测量单位是埃，为 1×10^{-10} 米，或 0.1 纳米。

正入射： 光沿法向或平行方向入射。

遮掩圆面： 通常是一个圆锥形的抛光金属部件，用于阻挡日珥望远镜中光球层的光。

温控箱： 一种用于调节干涉滤光片温度的电控装置。

传输峰值： 在带宽内能够传输的最大百分比。

远心透镜： 一个附加透镜系统，目的是从望远镜的汇聚光线中产生正入射的光线。

6.5 望远镜的选择

在前一章中，我们讨论了该如何选择用于白光观测的望远镜的问题，得到的结论是，任何望远镜都可以用于白光观测，只要它能充分地限制住伤害人眼的辐射。但自然而然地，有些设计就是比其他的更为"人性化"，更适合对太阳进行观测。同样地，放在单色观测者身上，对于在望远镜上使用了现代干涉滤光片的他们来说，也存在着类似的情况，有些望远镜非常适合，而有些则不是很理想。

在决定购买一台用于单色观测的望远镜之前，花点时间和精力看看所使用的干涉滤光片是否满足要求。当正入射光或平行光透过滤光片时，以及当它放置在具有稳定工作温度的环境中时，看看干涉滤光片的性能怎么样。一个滤光系统会占用望远镜上几十毫米的后焦距，并且都需要在望远镜的物镜外部放置上一个预滤光片，称为能量抑制滤光片（ERF）。能量抑制滤光片是一种光学级别的滤光片，由 Schott RG 红玻璃制作而成，有时也会使用具有类似透射性质的吸收玻璃，或者涂有电介质的"热反射镜"。能量抑制滤光片最重要的标准是，阻止红外／紫外光进入整个望远镜系统，并且其表面抛光精度至少为光波数量级的四分之一。

视场角是指光线从天空中的物体到进入望远镜时所能看到的轨迹范围，它可与另一个更常用的术语——"视场"——互换。太阳在我们的天空中呈现出约 32 角分的角位移，这就意味着太阳边缘的光线相对于太阳中心的角度约为 16 角分。一些光线会以正入射的方式到达望远镜，呈平行束状，而那些远离太阳中心的光线则会有着越来越大的夹角。这对于在望远镜物镜上使用大直径校准器的太阳观测者来说是有影响的，因为一些对成像有贡献的光线无法入射进来。那些有着角度的非平行光线，通过滤光片时将会走更长的路径，从而导致带通变宽。

仪器角是由望远镜光学镜头产生的角度。一架望远镜的光学结构描述了光线在物镜边缘附近的路径，这些光线通过一条圆锥状的路径汇聚至一个虚焦点上，该焦点被称为第一焦点或主焦点。对光轴上虚像有贡献的光线是正入射的，而那些接近光学镜头边缘的光线则会走一条更陡峭的路径到达焦点。与视场角一样，在通过内部放置的滤光片时，仪器角会延长光线的路径，再次导致滤光片带通的拓宽以及中心波长的迁移。

牛顿式反射望远镜会受到些限制，因为大多数商用的牛顿式望远镜的后焦范围都很小。为了解决这一问题，必须通过减少主镜和副镜（对角镜）之间的距离，来将最终的焦点移至牛顿式望远镜镜筒外更远的地方。但这里有一个缺点，需要一个更大的副镜才能消除图像的渐晕。这就在主镜前引入了更大的阻碍，并降低了最终成像的对比度。对于天文摄影师来说，透镜的作用是将所有的颜色汇入一个共同的焦点，但在单色观测中这一点却无济于事，而实际上，这是一块简单的平凸透镜就可胜任的事情。综上所述，尽管牛顿式望远镜可以用于色球的观测，但它并没有明显的优势。

折反射式望远镜通常采用一块短焦凹透镜作为主镜，并搭配上一块凸透镜作为放大镜，以便在一个紧凑的仪器空间中获得一个长焦距。副镜的放大倍数通常在三倍及以上，这一放大倍数会对仪器角产生负面影响，并且会产生一个带内传输的"甜区频段"，该点周围也会有越来越多的带外光区域。虽然施密特－卡塞格林式望远镜和马克苏托夫望远镜是用于白光太阳观测的便携且优良的仪器，但同属折反射式望远镜的它们也不是单色太阳观测者的最佳选择。

折射式望远镜具有直通的光路，没有中心阻挡，并且有着典型的长后焦，这些使其成为单色观测的首选。为了消除视场角和仪器角带来的影响，一些制造商建议缩小望远镜光圈，将其焦距比调至 f/30 或更大。这样就可以提供几乎是正入射光线的情形，此时所产生的带通变宽以及中心波长移动都可以忽略不计，大多数观测者都会选择忽视。折射镜能够让望远镜置于光轴上，这样就可以直接利用正入射光。虽然折射式望远镜避免了折反射式望远镜或是牛顿式反射镜会碰到的反常仪器角，然而，任何望远镜的光圈缩小至 f/30 都会产生分辨率损失的缺点。例如，一架孔径125 毫米，光圈 f/10 的望远镜，当它的光圈缩小至 f/30 时，此时的孔径实际上只有 42 毫米了。想象一下，如果使用只有 42 毫米孔径的望远镜去探索月球和行星，该是多么憋屈！

解决仪器角与分辨力问题的一种方法是使用附加透镜系统，该系统可以把圆锥状的汇聚光强制改为近乎平行的光束，然后再进入干涉滤光片，这样的透镜系统就叫作远心透镜。增加远心透镜可以让全孔径的能量抑制滤光片得以使用。与巴罗透镜一样，远心透镜可以扩大望远镜的焦距，但不会像巴罗透镜那样发散光线。此外不幸的是，由于巴罗透镜会放大视场角，所以它通常不适用于干涉滤光片。因此，比较下来，远心透镜系统符合望远镜实际使用中的规格要求。然而，定制这样的一套远心透镜装置往往是很昂贵的，而且只有高端的望远镜制造商才会提供远心透镜作为其仪器的附件。

许多有经验的太阳观测者使用来自 Televue 厂商制造的

Powermate™ 放大透镜作为远心透镜的替代方案。这种独特的产品所产生的仪器角在整个像平面上都是一致的，而不像巴罗透镜那样发散，并且无须根据特定的望远镜进行定制。Powermate 透镜还提供了多种放大倍数，可显著增加中短焦望远镜的焦距。注意，在购买与使用之前，要始终与单色滤光片的厂商沟通商讨，以了解任何如远心透镜和放大透镜这样附加配件的适用性。

6.6 望远镜的滤光系统

　　有两种基本的方法可以为一架业余用望远镜添加窄带太阳滤光片。一种是前置式，在望远镜的进口处放置一个大直径的校准器，这种方式类似于放置白光物镜滤光片。另一种叫作后置式，后置式校准器比大部分前置式滤光片要小，位于望远镜的光路内且在目镜之前。二者的性能都很好，各自有着明显的优点和缺点。在接下来的几页内容中，我们将探讨每种滤光片设计的应用。业余爱好者应该根据观测需求，去选择一块最适合自己的单色滤光片。你是对日面细节（暗条、耀斑、谱斑等）的研究感兴趣，还是只对日珥观测有意向？这是一个至关重要的问题，因为答案关乎所选滤光片的特性及其成本。

　　如果想要在 H-alpha 中观测日珥，就需要一块带通不超过 10 埃（1 纳米）的滤光片。要是带通比 1 纳米宽，并且日珥与背景天空对比度不够，就会造成观测上的问题。另外，还需要一个遮掩圆面或遮掩圆锥来遮挡住光球层，倘若没有任何阻挡，日面会很刺眼，令人不适。Baader Planetarium 制造出了商用的 H-alpha 日冕仪，这是专为凸显日珥而设计的附加设备。虽然它的功能很棒，但我们也应该清醒地认识到，这样的日珥观测装置一点也不紧凑，它会让望远镜的整体长度增加约 200 毫米。当观测天顶时，这样的附件容易引发失衡或者位置异常的情况。Baader 日冕仪是一种后置类型的滤光片，由于其带通很宽，所以与窄带类型的滤光片相比，它对仪器角的要求更为宽松。尽管如此，无论是这些滤光设备当中的哪一种，当透过它们进行观测时，大气中的水蒸气和尘埃都会对观测产生相当不利的影响。这些污染物（指水蒸汽和尘埃）会显著地增加散射并且损失对比度，而在一片宁静、阳光普照、深蓝通透的天空之下，日珥将会引人注目。

滤光片的带通越窄，就越能把 H-alpha 线从太阳连续谱中分隔开来，同时最终成像的对比度也会越高。然而，由于一个带通窄的滤光片更复杂，因而制作成本很高。在一个较暗的天空背景下，带通为 10 埃的滤光片仅仅只能显示出发射特征。而更窄的 1.5 埃（0.15 纳米）的滤光片则可以很好地展现出日珥、多普勒效应和明亮的耀斑，在天空条件良好的情况下，还可以看到暗条。如果 H-alpha 滤光片的传输特性本身限制了日面的亮度，那么可以移除遮掩圆锥。能量抑制滤光片是一项必要的预防措施，它可以保护 10 埃和1.5 埃的滤光片免受恶化的紫外/红外辐射和过度热量的侵扰。

上述的每一种滤光片在传输上还必须有鲜明的截止点，以阻挡带通以外的任何光线到达眼睛。带通大于等于 1.5 埃的滤光片可以在光圈 f/20 左右的光学系统中使用，不过由于光线最终以一个陡急的圆锥形状汇聚，因而实际上，滤光片的带通会变宽，中心波长也会随之偏移。笔者本人曾在光圈为 f/18 的望远镜上有效地使用了带通为 10 埃和 1.5 埃的 H-alpha 滤光片对日珥进行研究，但我不建议给短焦望远镜配上这两种附件。两种滤光片都不需要控制温度，但如果环境温度能接近滤光片的工作温度，那是最好不过的了。对于 1.5 埃的滤光片来说，必须得用一个倾斜改正的机制来微调它的中心波长。当滤光片与能量抑制滤光片而非遮掩圆锥一起使用时，需要预热一下滤光片，但这会导致它明显地偏离波段。当想要观察日珥和暗条的多普勒效应时，可以使用调谐器将滤光片调回至原先的波段上。

一个带通小于 1 埃（0.1 纳米）的滤光片通常被称为"亚埃"

滤光片。这是一种精密制造的设备，只能让太阳光谱中那片最窄区域内的光通过。一块日珥滤光片的价格在几百美元，而一块H-alpha 亚埃滤光片的价格则到了几千美元甚至更贵。亚埃滤光片同样需要在入射光源附近处搭配上能量抑制滤光片使用，除此以外，一般还需要一台电温控箱或者一个倾斜改正设备来微调它的传输特性。听上去，在为太阳观测做准备时，还有许多额外的工作要做，但现实就是如此。不过，在这些滤光片下观察色球层，其体验可谓是令人心神荡漾，之前所付出的一切都是值得的。透过亚埃滤光片，我们能清晰地观测到纤维状结构、耀斑、日珥，以及所有与色球层相关的活动。

后置式 H-alpha 滤光片

安装在望远镜光路尾部附近的 H-alpha 滤光片属于后置式滤光片。这一类的滤光片外罩是由端板构成的，可以安装标准的螺纹接合器，方便连接到望远镜及其目镜上。亚埃级别以及带通更宽的滤光片都可以作为后置类型的滤光片。

在我动笔写此书的时候，有两家 1.5 埃 H-alpha 滤光片的制造商正在生产开箱即用型的设备。这两家厂商分别是 Lumicon 和 Thousand Oaks 光学公司，它们出售的产品包括物镜上必装的能量抑制滤光片，以及安装在可调支架上的后置式 H-alpha 滤光片。使用中，我们需要把 H-alpha 滤光片插入望远镜的聚焦器中，而聚焦器又可以通过目镜或相机上的标准镜筒直径的接合器，与它们进行连接。观测者自己则必须准备一架焦距比为 f/20 及以上的望远镜。这些都是非常基础的装置，但却可以观测到日珥与最微小的表面细节，它们是单色观测里很好的"引路人"。

有几家公司生产后置型的亚埃滤光片，在它们当中值得一提的是 Daystar Filters 公司，该公司在 20 世纪末就开始销售紧凑即用型的滤光片了。滤光片所需的近入射光束可以通过在物镜上的小直径能量抑制滤光片获得，这种小直径的能量抑制滤光片能有效地把光圈遮掩至 f/30；另外，如前面所述，我们也可以在光学系统中插入远心透镜来实现正入射光的目的。Daystar 公司还在销售一种倾斜、不加热类型的滤光片，极大地提升了便携性。

亚埃滤光片正常的工作温度在 90~150 华氏度[①]之间，而加热装置的作用就是为其保持适当的工作温度。温控箱的预热时间从几分钟到几十分钟不等，实际中完全取决于滤光片所在的环境温度。降低或升高温控箱内特定的温度数值将会调节滤光片的传输特性，具体表现为中心波长左右各 1 埃的变化。当观测者有意识地让滤光片偏离波段时，我们把这种观测方式称为两翼观测（即 H-alpha 的蓝翼和红翼）。在两翼观测可以仔细观察到色球层内更低的区域，或者也有可能是无法在带内看到的多普勒位移特征。这是由于当我们在偏离中心波长的位置观测时，看到的更多是来自太阳连续谱的光线，也就是来自光球层的光线。而有着多普勒位移的特征在以高速运动，它们的光波会被拉伸或压缩，表现在光谱上就是夫琅禾费谱线稍微偏离其在光谱中的正常位置。一些型号的亚埃滤光片反倒配备了一台冷却风扇，以防止环境气温高于滤光片的工作温度。

如果后置式的亚埃滤光片搭配上一块远心透镜和一个全孔径的能量抑制滤光片，那它会是实现全分辨率太阳望远镜的理想选择。并且更换目镜，我们可以获得全范围内的放大倍率，而后便能通过滤光片看到特别精细的日珥或小纤维。不幸的是，当把滤

---

① 华氏度 = 32 + 摄氏度 × 1.8。

光片移动到带通之外时，电加热的滤光片存在一个时间上的短板。假如想要比较一个特征在带内与在带外两翼上的外观，则需要花费好几分钟去加热滤光片，以将中心波长移动几埃。然而，大多数多普勒位移事件转瞬即逝，以至于根本来不及等滤光片加热好后再去观测这些事件。为了解决这一问题，可以将后置式亚埃滤光片的外罩倾斜，观测者从而可以立刻掌握中心波长的控制权。不止一位资深的观测者表示，希望后置式滤光片的制造商生产一种温控箱加热的滤光片，并且该滤光片能够带有额外的内部倾斜机制，以方便观测者快速变换滤光片的中心波长。

前置式 H-alpha 滤光片

前置式滤光片系统通过在望远镜入口处放置一个校准器，就规避了仪器角的难题。有了这套系统，观测者就能用上各种焦段的望远镜，而无须依赖外部的远心透镜系统。

20 世纪 90 年代后半期，Coronado 科技集团公司着手为天文爱好者生产前置式的亚埃 H-alpha 滤光片。在 Coronado 公司的设计中，能量抑制滤光片和校准器都位于望远镜物镜的前方。由于校准器的部件之间有着特有的间隔，校准器在很大的温度范围内都可以保持稳定。所有的校准器都会发射出"边带"，也就是除了中心波长以外的光谱部分，这些边带部分都必须用所谓的截止滤光片去除。在 Coronado 生产的滤光片中，截止部件位于望远镜的目镜一侧，而后置式滤光片则将截止滤光片集成在了单色滤光片的滤光组中。Coronado 滤光片不需要供电的加热装置，因此它是一种非常便携的望远镜配件。

前置式滤光片的设计自问世以来，一直很受天文爱好者的欢迎。与阻塞滤光片相匹配且带通小于 0.7 埃的 H-alpha 滤光片有多种孔径可供选择，并且可以通过相应的安装板来适配各式各样的望远镜。通过滤光片安装板上的指旋螺钉可以倾斜前面的校准器，从而能让滤光片快速地调谐到带外，这对于想要观测多普勒位移事件（如暗条的突异）的人来说，是一个明显的优势。如果拥有一个焦距长度小于一手臂长度的望远镜，那调节起来会更容易许多。较长的镜筒则需要某种延长臂，以便在通过目镜观测的同时方便调整滤光片。也许还有一些心灵手巧的太阳观测者会自己组装一个电机驱动设备，能够远程控制用于调谐的旋钮。

为了将前置式滤光片的带通缩窄至 0.5 埃以内，一种叫作"双层堆叠"的技术被设计了出来，该技术把第二个校准器连同第一个校准器安装在了一起。一个更窄的带通意味着特征对比度得以增加。关于如何以及在何处（内部还是外部）安装这第二个校准器，有几种方法。最常用的技术是把它安装在外部，与原先的校准器搭配，而后分别对它们进行调谐，有利于在整体上获得一个更窄带通的传输。此处重要的考量是，第二个校准器应该具有相对于第一个校准器的特定传输特性，以确保它们拥有作为一个整体的功能性。当每一个滤光片的传输特性与另一个相吻合时，就能使这对校准器缩短总共的传输带通，而此时双层堆叠的效果也就显现出来了。

近些年来，Coronado 在它们的专用太阳望远镜产品线上增加了一种名为 PST™（Personal Solar Telescope，个人太阳望远镜）的廉价仪器，让许多天文爱好者得以入门单色观测。就是这么一架折射式望远镜，它的孔径为 40 毫米，光圈为 f/10，并且配有带通小于 1.0 埃的 H-alpha 滤光片，在各种天文活动中，很难看不到它的身影，至少能看到好几台。透过这种望远镜看到的景象，虽不及用更窄的滤光片那样有着更为强烈的对比，但仍然令人印象深刻，通过这种望远镜同样可以欣赏到日珥与日面上的细节。几乎所有的 PST 都能在视场中心附近展现出一个"甜区频段"，此处的 H-alpha 细节非常丰富优美。倘若用 PST 巡扫一遍日面，就可以获得一幅在 H-alpha 下的壮阔日景。虽然 1.0 埃的带通对于观测者来说有一点小遗憾，但它仍然无法浇灭大家对于这种望远镜的购买欲望。

前置式滤光片具有方便和易携带的优点，它主要是为太阳的全日面观测而设计的，因而只受限于自身的孔径大小。而后置式滤光片有着最大的分辨率，不过有时需要附加上远心透镜才能实现。无论这两种设计中的哪一种，都能很好地观测到单色下的太阳以及它不断变化的特征。当在争论该为自己的观测选择哪种类型的滤光片时，一定要在其他观测者的望远镜上试试各种各样的滤光片。除此以外，还要与朋友、其他太阳观测者交流，看看他们对于一个产品的需求和期待是怎样的。毕竟这不是一项便宜的投资，需要一些全面的调查，以便最后能够买到适合自己的滤光片。

Ca-K 滤光片

尽管 H-alpha 下的光线展现出了色球层中丰富的活动，但太阳观测者对位于光谱紫色部分的 396.9 纳米和 393.3 纳米处的谱线，也有着格外的兴趣。这两条谱线来自电离钙中 H 线和 K 线的发射。与 H-alpha 线相比，H 线和 K 线在外观上更宽、更厚，这就意味着想要在钙线中分隔出单色像，滤光片不再需要有一个特别窄的带宽。相反，像之前提到的，假如要在 H-alpha 中获得较好的对比度，就需要一个带通为亚埃级别的滤光片，而对于 Ca-H 线和 Ca-K 线的观测，带通为 2~10 埃的滤光片就足够了。

那我们可以在钙线下观测到什么呢？——一片比 H-alpha 线视角下更低、更冷的色球层区域。色球层的网络结构会呈现出明暗相间的模式，日珥则显现出蓝色，还能看到日面上的暗条，并且谱斑有着明亮的云状形态（见第七章）。光谱中观测到的这一切壮阔景象通常都是由摄影师完成的，但遗憾的是，随着人年龄的增长，人眼对紫光的敏感度逐渐减低，使得一个成年观测者很难在这个波段上看到很多东西。解决这个问题的办法就是在望远镜上连接一台对紫光敏感的显示器，我们直接通过这台显示器对太阳进行观察。大多数业余观测都是在钙的 K 线下进行的，但令人哭笑不得的是，相较于 H 线，K 线反倒是两者中更难看到的，因为它位于更紫端的部分。如果你感知到自己无法在 K 线中观测，可以转而使用 H 线的观测滤光片，它能让你看到一些紫色特征。H 线的位置更接近眼睛对光线敏感的区域。但是谨记，无论哪种滤光片，其适用与否完全取决于观测者的眼睛。

Coronado 制造了一种专用的 Ca-K 望远镜，其孔径为 70 毫米，最大带通为 2.2 埃。此外，它也生产了一款 Ca-K 版的 PST，带通同样是 2.2 埃。后置式的 Ca-K 滤光片需要使用焦距比不小于 f/20 的望远镜，为了减少滤光片的热量聚集，建议最大的孔径为 80 毫米。高端的滤光片一般通过温控箱来保持温度，这与 H-alpha 滤光片产品是一样的。我们在第三章提到过 Baader 的一款 Ca-K 滤光片，它有着 8 纳米这一相对较宽的带通，中心波长在 395 纳米，可以观察到显著的 Ca-K 特征。80 埃的带通虽不及上述的窄带滤光片效果好，会使更多的太阳连续谱透过，但它确实能为大家提供一片有趣的太阳视野。不管怎样，Baader 的这款特殊 Ca-K 滤光片只建议在摄影时使用，因为观测者可能会受到强紫外辐射的伤害。

6.7 观测诀窍与相关配件

太阳观测与恒星的夜观测是在两种截然不同的条件下进行的。比如,太阳光线从我们眼中反射出去后会在目镜里产生"鬼影"现象;裸露的皮肤很容易因为长时间在太阳下暴晒而受伤,但这些在夜间观测月球时绝不会发生。任何一位有经验的观测者都会和你讲这么一句话,单色滤光片是一个相当棘手的装备,需要特别留意有关它的一切信息。而自制一些配件来辅助观测者,能够巧妙处理原本较烦琐的活计。

天文爱好者真是一群智慧而又富有创新精神的人。因为如果没有业余时做做望远镜的想法,或者至少是对望远镜修修补补的冲动,那么单单追求天文这项爱好是很难坚持下去的。下面是为太阳天文学家提供的一些观测技巧,以及一些已被证明对其他爱好者有益的定制配件的讨论。

日面对比度的增强

观测者格雷格·皮普尔(Greg Piepol)为了方便利用自己的 H-alpha 装置观测日珥和日面细节,在望远镜的能量抑制滤光片上使用了一个可变光圈。这个光圈和相机镜头外罩里的光圈很相似,只不过是一个更大号的版本。通过打开和关闭弯圆的叶片,就可以控制进入相机的光量。根据皮普尔的说法,"当它(可变光圈)设为全开时,日珥是最亮的,但会稍微牺牲点日面细节。而如果要获得日面细节,我会将光圈的打开程度降低至 95 毫米左右。这样会让视场变暗，进而能让我看见更多细微的特征"。皮普尔的可变光圈可以从 Edmund Scientific 处购得。这一特殊的型号可以让光圈在 6 毫米的关闭设置到 120 毫米的完全打开状态之间进行调节。同时，魔术贴的使用可以将光圈固定在透镜装置上，是目视观测或摄影观测中一种富有吸引力且实用的配件。

另外一些对观测 H-alpha 太阳有用的配件就是附加偏振滤光片了。将两个起振器插入 H-alpha 滤光片组，而后通常把这一套装置组合旋拧在目镜的镜筒上，通过旋转其中一个起振器来调整透光度，直至获得一个合适的数值。这么调节的效果类似于上述可变光圈对日面的调光。不仅如此，还有一些使用了该装置的观测者宣称，特征的对比度也得到了提升。

遮阳措施

即使是白光观测者也可以通过阻挡阳光直射而受益，因为在遮蔽的阴影中观测太阳，可以减少视觉疲劳，降低目镜中出现鬼影的可能性，延缓身体的疲劳，以及避免晒伤的威胁。在这种情况下，当通过一些望远镜观测时，太阳会相对较暗，并且难以看到特征。比如当你试图透过 Ca-K 滤光片来察看特征时，你很难想到在观测期间，自己的眼睛还要适应黑暗。但实际上，在某些时候对太阳进行遮蔽还是非常实用的。

望远镜的遮阳板可以用薄木板（1/8 英寸厚）、铝板，甚至是硬纸板制成。一般来说，从材料中切割出一个圆形部分，其直径比望远镜镜筒大 3 倍。在这块圆盘中心开一个孔，这个孔的大小可以让这块圆盘直接套在镜筒朝向天空的一端上。再根据不同的望远镜布局结构，可以选用能量抑制滤光片或者白光物镜滤光片来固定住遮阳板。将圆盘朝阳的一面涂成白色以反射热量，而将面向观测者的另一面涂成黑色。如果是折射式望远镜或者卡塞格林式望远镜，遮阳板则要连接到镜筒组件的尾部，因为如此配置不会妨碍光线到达寻日镜或者附加在望远镜上的其他配件。

并非所有的观测者都会对这种套管式的遮阳板感到满意。杰瑞·弗莱尔（Jerry Fryer）是一名业余的太阳观测者，他曾经把自己的套管式遮阳板比作微风中的船帆，因为每一阵风都会引起目镜这艘船的颠簸。对弗莱尔来说管用的还是一种安装在独立于望远镜的支架上的遮光板。弗莱尔把一个便宜的落地式灯架改造成了他的遮阳板支架。这个支架类似于昂贵的麦克风支架，它有一个可调节臂用以固定遮阳板。这样的设计可以根据需求放置遮阳板，而且不会出现套管式遮阳板那样的震动问题。

在不方便的情况下，一些认真严谨的观测者也会用布、头巾，或是一条浴巾盖在他们的头上和目镜上，只是为了创造出一个简便的暗影环境。头巾状的覆盖物用在便携式太阳单色光观测镜上的效果很棒。笔者本人曾经将一条深色的密织毛巾用在了 Ca-K 太阳的观测中，并且因为有了它，得以在大白天里看到笔记本屏幕上所观测到的图像。理想情况下，所用的头巾或者布里面是黑色的，外部是白色的，以帮助反射掉观测者的热量，并且最终能够尽可能地阻挡周遭环境中的太阳光。

如果长时间暴露在太阳光下，紫外线中 UVA 和 UVB 这两个波段的辐射会对观测者的健康造成危害，这就是为什么防晒霜很重要。在长时间的观测过程中，要涂抹具有适当防晒系数（sun protection factor，简称 SPF）的防晒霜。手臂、面部以及后颈部都特别容易被晒伤。此外，在进行太阳观测时，最好穿上长袖衬衫并戴上宽檐的帽子。一些观测者还会选择反戴长舌棒球帽，这样在眼睛贴上目镜观测时帽檐就能遮住脖子了。

定日镜

　　定日镜通常会采用两块正平面的反射镜，将光线反射到安装在垂直或水平位置上的望远镜内。利用配上了定日镜的望远镜进行观测，很像在实验室里透过显微镜观察学习，是一种非常温和舒服的观测方式。

　　来自加利福尼亚州的天文爱好者罗伯特·赫斯（Robert Hess）经过几年的努力，打造了一个轻巧便携的定日镜，专门配合他的Televue TV-85 型号的折射式望远镜（孔径 600 毫米，光圈 f/7）使用，除此以外，还带有一个 Daystar 的倾斜滤光片（带宽 0.5 埃）。赫斯的定日镜并不是传统的双面镜布局，相反，它的设计采用了单镜极式安装的构造。这种设计构造的定日镜只需要移动一下就可以追踪天上的某个天体。

　　赫斯装配的核心点在于一个有着 4.25 英寸短轴的 1/10 波平面镜，它最初是作为大型牛顿式反射镜的对角镜。镜架能在轴承上旋转，轴承放置在两根导轨上，而导轨牢牢地将反射镜和望远镜固定在极线上。缓慢地移动控制能够调节赤经和赤纬。Televue望远镜通过其物镜上的螺纹和蛤壳式支架下的螺栓连接到导轨上面。两个轻便的摄影三脚架为整套系统做了非常牢固和稳定的支撑，并为准确的极线提供了必要的角度。赫斯在白天采用指南针和数字水平仪，分四个连续的步骤完成了整个装置的校准工作：

　　1. 用指南针确定前向（北向）的三脚架位置；

　　2. 用水平仪将该三脚架的中心柱指向天顶；

　　3. 用指南针确定后向（南向）的三脚架位置，使其导轨指向真正的北方；

4. 用水平仪将后向的三脚架高度设定在 0.1 度极线海拔以内。

这样当观测者坐在望远镜的目镜前，可以很容易够到对焦、滤光片倾斜、跟踪速度、赤经和赤纬的控制旋钮，以及高度 / 方位的微调装置，该装置可以修正底架的对极轴。

赫斯很得意他自己动手完成的项目结果，他最初的想法只是为太阳观测修建一个便携、稳定且舒适的观测平台，结果打造了一架轻便的望远镜。这架望远镜只需分装在两个袋子里，并且能放进汽车后备厢中，很容易就能运到喜爱的观测点，这也佐证了这台仪器的便携程度。

倾斜构件

罗伯特·赫斯的定日镜使用后置式的倾斜 H-alpha 滤光片来快速改变中心波长。而前置式的滤光片通常也会有一个倾斜装置，放置在校准仪的安装板上。任何时候，只要光线不是直射到滤光片上，它就会透过滤光片走过一个较长的路径。更长的路径意味着校准器反射板之间有着更大的间隔，对光线而言，滤光片的传输特性就会变为更低的中心波长以及更宽的带通。

因此，太阳观测者如果希望用亚埃滤光片观测一个多普勒位移事件，可以通过构建各种机制来控制滤光片的倾斜程度，从而充分利用上一段中提到的传输特性。其基本原理是在滤光片外罩（箱）上开一个可旋转 180 度的支点，并建立一个弹簧式的推拉系统，能够使外罩倾斜并且倾斜量可控。倾斜构件通常在末端配有螺纹接合器或者其他支持设备。倾斜器由平整的金属板或者圆柱形管件构成,可以将它设计成一个紧凑而有吸引力的装置单元。

中心波长所需的偏移量很少超过几埃,这意味着大多数亚埃滤光片在垂直度上的改变只有几度的量。在倾斜装置的基本结构中,有好几种摆放弹簧和推拉螺钉的方式,具体取决于设计者的需求。总之,只要弹簧和螺钉之间能相互作用,滤光片的倾斜角度就是可控的。

第七章

单色太阳特征

7.1 日 珥

　　毫无疑问，色球层是爱好者们研究的一些波澜壮阔场景的发祥地。在第一章中我们提及过，随着与太阳核心之间的距离增加，内部气压会降低，此时通过差旋所产生的磁场逐渐成了主导力量。在色球层中，磁活动实际上是一连串看似失控事件的幕后推手。这当中的许多事件释放出了巨大的能量，有时还会以相当大的天文速度将物质从太阳中喷射出来。因此，许多爱好者都觉得色球层是一个令人欣喜若狂的观测目标。所有的活动都可以在 H-alpha 下观察到，当然，也有一些特征在 Ca-K 线中能有更棒的呈现。

　　对色球层最为广泛的研究之一便是日珥。日珥被宽泛地定义为悬在太阳表面上方的气体云。典型情况下，日珥的温度在 10,000 开尔文，密度是周围色球层的数倍之多。通常日珥所勾勒出的外观就是支撑着它的磁场的形状，并会随磁场的演化而改变。因此，日珥为天文学家提供了一种绘制太阳磁场的方式。日珥在大小、形状、亮度和运动上的变化，都让它们成了最摄人心魂的现象。

　　从太阳的边缘看去，日珥是明亮的，但当它在日面的映衬下就会显得很昏暗，此时便把它称为暗条。日珥和暗条其实是同一个特征，然而太阳天文学家花了很长时间才认识到这一点。太阳边缘的日珥亮度是在冷暗的太空背景下观察发射特征所得到的结果，而在较热且密度较大的日面上观测一个日珥，它就会呈现出暗条这样的暗吸收特征。落在日面前的暗条，如果它能量充足、十分活跃，就会是一个明亮的事件，但一般显现为浅灰色到黑色这样的细线。通常而言，与太阳黑子群相关的暗条为狭窄、黑暗且蜿蜒曲折的线条状。而长的、微弱且粗大的暗条普遍与黑子群无关，随着时间的推移，这类暗条的外观变化也是徐缓的。

关于暗条和日珥可判断的一点便是，一切皆有可能。作为一种寿命为几分钟到几个月不等的瞬时特征，一个日珥可以占据比太阳直径还要大的空间，尽管更多情况下它的长度比这要短得多，只有近几千千米。如果不囿于黑子带，暗条可以出现在较高的太阳纬度上，由于较差自转，好几个这样结构的暗条兴许会在东西方向上排成一排，看上去它们就像是连接在了一起，形成一长串的纤维状物质。在形成这样的结构后，我们就把它称为极冠（暗条）。如果从地球上以一个陡峭的角度去观察，暗条往往在一侧呈现出隆起状，看起来就像一个"扇贝"的边缘。这些源自暗条的隆起一直延伸到一个叫作中性线的区域，该区域是太阳活动区磁场极性发生反转的地方。

日珥与暗条、活动区以及耀斑之间存在着重要的联系。在能让致密气体高于太阳表面的情况下，便可形成暗条。其中一种情形是太阳耀斑通过热效应影响物质，使得气体在日冕层下方凝结，然后这些气体如雨点般降落在表面。当然，物质也可以通过最猛烈的能量释放，即太阳耀斑，从太阳中喷发出来。最后一种情形与所有的日珥和暗条都有关，具体是磁场探入到色球层中，进而从下方对气体物质起到一个托举的作用。

日珥和暗条主要分为两大类：宁静和活跃。大多数情况下，宁静日珥和它的名字一样，表现得祥和安静，只是随时间的推移缓慢地改变外观。活跃日珥则由于其活跃爆发的特性，毫无疑问是更令人兴奋的观测目标。尽管一些日珥相当大（长度可达数100,000千米），但因为离太阳很远，所以通常它们的实时活动看上去是循序渐进的。然而，千万别以为爆发日珥就是以龟速在发展着，相反，在短短的一分钟内，就能看到它急剧的变化。宁静日珥也不是时刻保持着安静，被人遗忘在角落，它们也会受到扰动，向空间爆发，然后从之前所在的区域内完全消失。此时，仍旧不要因为一个日珥／暗条消失了，就觉得整个表演落下了帷幕，它很可能在几分钟或几天内于老地方卷土重来。

篱笆状日珥是一个典型的宁静日珥，这类日珥正是因为其外观酷似农田附近作为防风屏障的一排排树木和树篱而得名。篱笆状日珥的两端通常被磁力锚固在太阳表面的下方，平常稳定且安静，但当它的一端从下方挣脱出来时，就代表着这一日珥即将爆发。宁静日珥还会呈现出其他一些常见的形状，有的像浮云和小丘，有的似圆环和龙卷风，还有的如树干一般。

环状日珥有着尤为漂亮的边缘结构。在一个强烈的耀斑爆发后，射入日冕的太阳物质开始冷却和凝结，而后又流回下层的表面。有时，物质流在环形的两侧；偶尔，也可以看到物质流从一边上升，过后从另一边落回。如果圆环是打开且不完整的，那么可以观测到一种被称为冕雨的特征，冕雨由较冷的物质流组成，穿过色球层倾落回表面。随着时间的流逝，这些现象是非常明显的，特别是在加速了一段物质流的剪辑视频中。

其实，当日珥爆发时，它距离太阳是相当远的。有一些描述性的名称来表明爆发日珥的外观形状。日浪（或冲浪日珥）便是其一，它是在剧烈的耀斑之后，物质受控制的或直线式的喷发。日浪通常会向外迸发，在失去惯性后回落到自己身上，同时伴随着巨大的飞溅效果。如果日浪是混乱的且不受控的，物质就会向四周飞洒，那么就称此时的日浪叫日喷（或喷射日珥）。爆发日珥的另一种形式是喷流或脉冲日珥，它有着长而窄的柱状物质。

一个典型的喷流速度大约是 150 千米 / 秒，而超过 200 千米 / 秒也是家常便饭。通过留意日珥中气体结随时间的位置变化，观测这些边缘特征的业余天文学家可以对这些日珥的视向速度进行测量。

在日面上看到的暗条日浪，大体上是冲着地球的方向移动的，因而会出现朝向 H-alpha 线蓝翼移动的多普勒频移现象。光波的压缩或拉长会产生多普勒效应，这是因为一个物体正迅速地接近或远离观察者。声波是能完美体现多普勒频移的一个例子，如同当火车接近和经过一个车站时，它的鸣笛声调就会发生变化。对于多普勒频移的爆发日珥来说，观测者可以看到暗条将开始变淡，逐渐变得不可见，直至完全消失。而将 H-alpha 滤光片的中心波长调至光谱的蓝端，则日珥又会重新出现，除非它已经完全凋亡。这一事件，即暗条的突然消失，被称为"突异"。另一个有意思但不常见的现象涉及靠近边缘的脉冲型日珥，它的轨迹指向地球。在这种情况下，当用 H-alpha 滤光片的带内进行观察时，只有一部分的日珥仍然可见。当把 H-alpha 滤光片调整至蓝翼时，原先可见的日珥下部分消失了，反倒是不可见的上部分出现了。显然，上部分区域的速度要快于下部分。

没有任何一个分类系统能囊括对日珥所有可能形态的描述。尽管如此，多年来人们还是设计出了一些分类方案，其中一个有趣的尝试是由唐纳德·门泽尔（Donald Menzel）和杰克·伊万斯在 20 世纪 50 年代设计的。这种方法（表 7.1）与麦金托什太阳黑子的分类方法类似，采用了由三个字母组成的名称对日珥进行划分。在门泽尔 – 伊万斯的分类中，第一个字母代表日珥的发源地，关乎着日珥是从日冕层下降还是从色球层上升；第二个字母告诉我们该日珥是否与太阳黑子相关；第三个字母则是对日珥外观形态的描述。图 7.1 中纤细柔美的环状日珥发生于 2001 年 4 月，它在门泽尔－伊万斯的分类中为 ASl。这些日珥是从上方起源往下回落的，因此分类为 "A"。与此同时，有一个太阳黑子群刚刚出现在边缘地区（图中无法看到），它与日珥相关，所以分类中的第二个字母为 "S"。最后，因为该日珥的外观是环状的，因而第三个字母为 "l"。在环状日珥的北面有着明亮的日浪，它被归类为 BSs。在环状日珥与冲浪日珥之间有一片冕雨，它发源于日冕的更远处，其分类为 ASa。

表 7.1　门泽尔－伊万斯日珥分类法

A– 发源于日冕层（下降）	
S–与黑子相关	N–与黑子无关
a. 冕雨	a. 冕雨
f. 漏斗状日珥	b. 树干状日珥
l. 环状日珥	c. 树状日珥
	d. 篱笆状日珥
	f. 浮云状日珥
	m. 山丘状日珥
B–发源于色球层（上升）	
S–与黑子相关	N–与黑子无关
s.日浪/冲浪日珥	s. 针状体/针状物
p. 喷焰	

图 7.1 在该图中可以看到三种形式的日珥。这些日珥活跃于 2001 年，分别为纤细的环状日珥、冕雨和冲浪日珥。

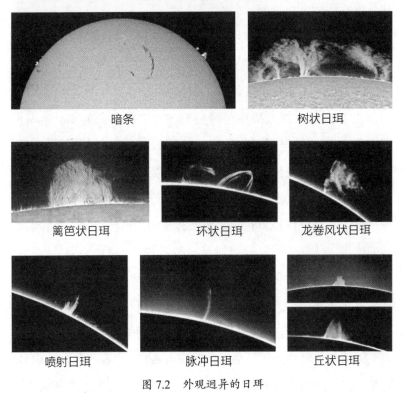

暗条　　　　　　　　　　　树状日珥

篱笆状日珥　　　　环状日珥　　　　龙卷风状日珥

喷射日珥　　　　脉冲日珥　　　　丘状日珥

图 7.2　外观迥异的日珥

7.2 ┃ 太阳耀斑

观测新手以及公众常常会将日珥和耀斑当成同一种太阳现象。但实际上，悬浮在太阳表面的气体云才是对日珥妥帖的描述；至于耀斑，它是活动区磁场中累积的能量迅速释放所产生的现象。耀斑具体表现为一个骤起的增亮，其强度约是周围色球层的两倍。在被称为谱斑区域的活动区周围，同样可以看到耀斑引起的亮度变化。在色球的更下层中，于 Ca-K 线（393.3 纳米）下，也能看到谱斑围绕着太阳黑子，就像云朵一样，其亮度和形状并没有特别的一致性。

谱斑区标志着与黑子相关的磁场所在地。谱斑相当于是光球层上的光斑，只不过是跑到了色球层上，而在 19 世纪末被发现时，谱斑被叫作 flocculi（绒球、絮状物）。作为一个笼统的术语，flocculi 在当时被用来描述色球层上的许多特征。例如，暗条也被称作 flocculi。谱斑中聚集度低的区域被称为谱斑区走廊，该部分区域是磁性发生反转的位置。最重要的是，千万不要把谱斑和耀斑混为一谈，谱斑不像耀斑那样强烈，而且在较长时间内能保持稳定；至于耀斑，它与谱斑比起来相当短暂，是一个转瞬即逝的事件。

几乎所有的太阳耀斑都能在 H-alpha 下观测到，因为耀斑就是在此以可见光波长发射的。我第一次所看到的耀斑强度很大，足以在白光中看到（见第四章），但随着太阳单色光照相仪的发明，能更加清楚地观察到耀斑活动的频率与幅度。麦金托什分类中 D、E 或 F 的太阳黑子群发展得很成熟，这些类别的黑子群因能产生耀斑而闻名。太阳黑子所经历的运动或太阳黑子中出现新的磁流都会引发许多耀斑。在一个复杂的黑子群中，（磁）中性线的扭曲和畸变也会经常导致耀斑的产生。太阳周期同样表明了它们的频率，其中在黑子极小期时，就鲜有耀斑发生。而在黑子极大期时，每天发生一次耀斑都不足为奇，并且较大的耀斑事件通常都发生在黑子极大期之后的两年左右。耀斑真真切切地在每分钟内都能发生翻天覆地的变化，而后一般在一小时内结束。

耀斑通常以位于太阳黑子内部或附近的几个点或核的快速增亮作为开始，这些点的大小和亮度都在随之增长。对于一个大型耀斑来说，整个增长的过程或许只需要几分钟的时间，而一个小型耀斑需要的时间甚至更短。快速变亮的时期被称作闪（耀）相，之后亮度就会逐渐地缓缓回落。如果耀斑的能量很高，它的外观也许会发展成一个双带状的结构，这也标志着中性线所在的位置。

耀斑附近的局部太阳温度可以飙升到数百万度，并且在中性线以上发展起来的暗条可能会爆发，并进一步出现突异的现象。由于耀斑对下层日冕的剧烈加热，势必会形成一个乃至多个环状日珥。耀斑真可谓是鬼斧神工的太阳事件！

由于耀斑活动，还会出现一些其他有趣的现象，其中一个相当难以发现的特征便是莫尔顿波。莫尔顿波是特别大的爆发耀斑所释放的激波，它在日面上扩散开来，呈现出弧形。莫尔顿波的扩散速度约为1000千米/秒，因而它有一个快速移动的波前。从H-alpha波段看去，莫尔顿波有一个较浅且对比度低的特征；而在H-alpha两翼的带外上，它则显得较暗。当莫尔顿波横跨日面时，它可能会碰到暗条，此时的暗条就像一个人在海里遭遇了一场来势汹汹的海浪——首先会被高高抬起，然后又沉入海底。期间，暗条的能见度变得忽高忽低，这是因为多普勒频移在带内带外来回发生，再追其本因，是当莫尔顿波经过暗条时，造成了暗条快速地上下运动。

日冕物质抛射（coronal mass ejection，简称 CME），有时也是太阳耀斑活动的结果。CME 首先会以一个巨大的冕泡从太阳中流出，进而变成太阳风中的激波。在几个小时的时间里，CME 偶尔会变得比日盘还要大。自 1996 年以来，SOHO 卫星大部分时间都在持续巡视着日冕，由 SOHO 图片合成的延时影像，凸显了 CME 膨胀扩大的特点。这些影像可以在多个网站上观看到。

太阳耀斑的光学分类是依据耀斑在 H-alpha 下最大亮度时的日面大小，这种分类方法也被称为耀斑的"级别分类"。该方法用一个两位数来进行分类，第一位数字代表耀斑的估算面积（单位是平方度），第二位是耀斑的测量亮度。对于耀斑的面积，从 0 到 4 对其进行打分评级，其中 0 最小，4 最大。该分类下也会有一些变动，采用"S"来表示一些最微小的耀斑，并将它们命名为"亚耀斑"。

而耀斑的亮度则分为 F、N 和 B（即暗、中、亮）三档，最终将两者组合起来，某个太阳耀斑的级别可以表示为 2N、4B，等等。采用该系统对耀斑进行分类有一定的主观成分在里面，特别是当耀斑接近太阳边缘的时候，由于边缘的投影缩减效应，对耀斑的判断会变得困难。即使耀斑在子午线附近，对于暗、中、亮之间的亮度评价也存在着"灰色区域"，因为具体的解释权都在观测者身上。尽管如此，那些想要对自己观测的耀斑进行分类的天文爱好者，仍旧会使用"级别分类"这个方法，因为这是他们能够进行测量的准则。

表 7.2　太阳耀斑的光学分类法

日面面积大小编码:

级别 0: 小于或等于2.0 个日面平方度

级别1: 2.1~5.1个日面平方度

级别2: 5.2~12.4 个日面平方度

级别3: 12.5~24.7 个日面平方度

级别4: 大于或等于24.8 个日面平方度

亮度编码: F（faint, 暗）, N（normal, 中）, B（bright, 亮）

太阳耀斑也可以根据它所引发的 X 射线的峰值流量来分类。根据"静止环境观测卫星"（GOES）提供的测量数据，该分类遵循着一套 A、B、C、M 和 X 的字母分类架构，每个字母分类下又进一步细分为从 0 到 9 这十个数字的子类。GOES 分类系统源于相对 X 射线亮度，具体是耀斑相对于耀斑以外太阳部分的 X 射线亮度。同样，举个具体的例子，M4 级别的耀斑能量是 C4 的 10 倍，而一个 X4 的耀斑能量又是 M4 的 10 倍。

美国国家海洋和大气管理局最近制定了一项到达地球上的耀斑高能粒子流的测定标准。该标准分为 S1、S2、S3、S4 和 S5，其中 S1 是一个小耀斑事件，S5 则是一个极大的耀斑事件。与 GOES 分类相同，相邻的两个等级之间意味着粒子流有着 10 倍的差异。我们采用该标准的初衷，是希望在评估空间天气状况与公共安全时，这一标准能够对大众更加友好。

7.3 色球网络

　　色球网络是一个类似于细格子的结构,几乎覆盖了整个太阳。在 393.3 纳米的 Ca-K 线下观测,这一结构有着明亮的网状图案。而在 H-alpha 下,色调变得相反,网络中每个细格子看起来都很亮,而组成细格子的边带则显得很暗。这张网络由大大小小的日芒组成,大的日芒直径可达 20,000 千米,有时还会合并形成谱斑。小的日芒宽度也有几百千米,长度可达几千千米。因为要与下面光球层中的超米粒在磁性上排列对齐,所以形成了色球网络。但与光球层的米粒组织不同,色球网络里的元胞直径接近 40 角秒,其寿命约为一天。

　　日全食期间,太阳边缘的一圈粉红色圆环就是色球层,其厚度大约在 2000 千米。早期的日食观测者认为该圆环像是从太阳中射出的众多“气体喷流”。如果分辨率足够的话,就能看出色球层是由成千上万个这样细小的结构组成的,我们把这样的结构叫作针状体。在边缘处的针状体呈现出很亮的发射特征,而在日面上就显得很暗,此时的针状体又“改名”为小纤维或日芒。众多的针状体共同勾勒出了色球网络的轮廓,使其边缘呈现出虚化且毛茸茸的样子。针状体的平均高度为 7500 千米,直径约为 800 千米,以 70~90 度的夹角从边缘向外延展。针状体的寿命在 5 分钟左右,当它回落至太阳或是从视野中消失时,就意味着其生命的终结。

　　针状体群的样式各异,如果观察到它们接近边缘但并不在边缘上时,其绒毛状的样子更加明显。针状体群有时候又会被看成刷子，在视宁度良好的条件下，这把"刷子"上细小的"刷毛"——针状体——会给人留下深刻真切的印象。当针状体排列成一列或一排时，它们就串成了一条链。其中一个形状就是花环，实际上是针状物从中心点向外辐射，仿佛绽放的花朵一般。有着强磁场黑子群的活动区，会对周围的针状物产生影响，任何靠近黑子群的针状物都会随着局部的磁场线弯曲与延伸，像是陷入漩涡之中。

当色球上层的稀薄气体附着于局部磁场时，可以看到指状的凸起，这些凸起表明了磁力线所在的位置。还记得物理课上曾经做过这样一个实验吗？用铁屑来生动具体地展现出条形磁铁周围的磁场分布。同样的磁场分布原理放在太阳上也是适用的。这些凸起就是小纤维，许多时候，你会发现这些小纤维会沿着一个更大的暗条／日珥的扇贝状边缘，和该暗条相连接。此外，一些纤维在长度和宽度上分别能超过 10,000 千米和 2000 千米。

射流区是一片新磁流进入光球层的区域，比如在黑子的边缘处。通常在射流区会出现小于 5 角秒的小亮点或是微型耀斑，且能持续几分钟至数小时。埃勒曼炸弹是这些亮点的别称，由于亮点在色球层的较下部分，因此可以在 H-alpha 两侧的线翼处清楚地观察到它们的存在。鉴于亮点有着胡须状的结构，亮点也被称作"胡须"，推测与磁场的重新连接相关，但成因尚不清楚。

单色光观测与白光观测相辅相成，这是因为导致光球层与色球层活动的两个磁场是息息相关的。如果想要更全面地了解太阳上某个活动区内所发生的一切，在许多情况下，我们应当从太阳表面向外追寻这些活动发生的各个阶段。为了做到这点，需要监测白光和单色光下的太阳。

7.4 观测项目

本书的白光部分意在向那些希望参与有意义的观测项目的天文爱好者强调几点可能性。"带有目的地观测"的好处包括：提升自我技能、发展新的友谊，以及最主要的目标——做出科学贡献。同样地，我们也鼓励单色光的观测者制定一个观测计划。

与白光一样，影像比素描草图更适合作为太阳形态学研究的记录媒介。整个日盘和活动区的摄影，对于装备齐全的太阳观测者来说，是一片充满无限可能的领域。在绘图的空白处确定特征的精确位置是相当困难的，而且要画出目镜下能看到的所有内容也是一件近乎不可能的任务。但草图也不是一无是处，它在做笔记、估计亮度等方面有其用武之地。无论是传统摄影还是数字摄影，它们都是捕获一次性事件的唯一可靠手段。然而，这也并不是说图像捕获就是探索单色太阳的唯一途径，对太阳耀斑进行编目和分类同样让一些观测者着迷。

太阳形态学

如果你有兴趣从事太阳形态学这一领域的研究，可以再读一读第五章，从其中针对白光观测者的"形态学项目"那节开始，有关图像定位、数据记录以及照片使用的建议同样可以用在色球层的研究上。白光与窄带单色光之间显著的区别就在于，单色图像中额外的细节更丰富。此外，它们要求的时间有所不同，具体取决于所做的项目。比如，拍摄一个白光太阳黑子的一生需要花费若干天，而高能的色球层活动可能只持续十分钟至几小时。有了这样一个时间框架，毫无疑问，观测者可以不间断地记录整个太阳事件。

当要说明所讨论的一天中面向地球的色球层状况时，整张日盘的图像将会很有帮助。任何全日盘摄影项目的目的，都是为了获得太阳锐利、清晰的广角照片。再者，照片应该有一个标准的格式，这样就可以与其他白光或单色巡天照片进行合理对比。

一张全日盘照片平均分辨率在 2~3 角秒。然而，由于单色观测者是通过窄带滤光片进行拍摄的，大气色散和视宁度不佳所带来的影响将会被减轻，这对拍摄者是有利的。一些仪器存在一个传输的"甜区频段"（最有效点），在这个甜区频段内，用一个适合整个 32 角分的太阳直径组件来拍摄整个日盘图像是最好的。与此同时，有着前置式滤光片的中短焦望远镜是此项工作的绝佳工具。而当配上一个适宜的远心镜头，或是位于轴上标称的 f/30 焦距比时，后置式的滤光片效果则会很好。孔径和与之对应的高分辨率并不是这类摄影的最终关注点，因为该项目只是描述日盘上特征的位置。摄影师追求的是整个日盘的照度均匀，以及尽可能缓解"甜区频段"所带来的影响。

活动区的摄影更有挑战性一些，因为其目标是获得分辨率好于 1 角秒的太阳特写图像。高分辨的研究工作会放大大气视宁度和仪器所带来的缺点，比如振动。而练习是培养出良好观测技巧的关键所在，如果观测者持之以恒，即使在较差的地点，也能找到一些出彩的视宁度时刻。对于一个相对较短的事件，包括太阳耀斑、爆发日珥、莫尔顿波或其他瞬时事件，也可以拍摄出一系列振奋人心的照片。还可以把这些照片合成一个影像短片，在一个压缩的时间跨度内展示一个太阳事件的全程。

日珥测量

分析一张照片或者完成一次观测从而对一个特征进行测量，这是一项简单的任务。那为什么一个爱好者会对日珥位置的确定或是篱笆状日珥的高度感兴趣呢？因为确定位置对特征的辨识很有帮助。通常，光球层中的活动区都是些长期存在的特征，这些特征会被及时地登记下来。多数情况下，色球层的特征与活动区有关，但在其他时候，它都是作为一个随机的事件出现，而到它消亡也就是几个小时以内的事情。

视向测量的意思是，从地球上我们所在的地方直接看到的一个特征的位置、大小以及速度，而不是该特征本身真实数据的测量。这里讨论的日珥测量就是以视向测量作为基础的。与暗条相比，日珥更能显示其真实的轮廓。因为许多边缘处发生的事件相对于观测者呈大约 90 度的直角。显而易见，在太阳边缘估计一个暗条的高度要比在日面中心容易得多，因为观测者是在日面中心处日珥的正上方。预计测量结果在一定程度上会受到仪器失灵或者地球大气限制的影响，然而，对于爱好者来说，估计日珥高度和喷发速度能满足自身对日珥的好奇心，这才是最重要的。而且，了解所研究的日珥是地球大小的多少倍，同时它们正以相当快的天文速度从太阳上喷射而出，也是很有教育意义和有趣的。

如果你已经获取了一张全日面的图像，并且图像中已经构建好了一条准确的东西线，那么正如第四章中所概述的，利用斯托尼赫斯盘去确定某个特征的日面坐标是可行的。倘若单色观测者对整个太阳周期里活动中心的运动感兴趣，则对于他们来说，分析和绘制坐标并形成蝴蝶图将会是一个很有启发性的项目，与此同时还能探测太阳的较差自转。

日珥的位置角（position angle，简称 PA）是一个方便且常用的辨认方式。在太阳上，位置角是以逆时针从北向东测量的，并围绕边缘被分成了 360 度。因此，最主要的方位如下：北（N）= 0度，东（E）= 90 度，南（S）= 180 度，西（W）= 270 度。可以制作一个透明的模板单元格，其直径相当于标准圆盘的尺寸（15~18 厘米），将模板直接覆盖在单色照片上，以便能直接读取位置角。假如模板在透明的背景上用黑色印刷出来，则能够更容易地读取太阳负片的刻度。正如第四章所讨论的，图像中必须有一个准确的天体东西方向的标示，一般采用漂移法找到。模板按照天体方向放置在照片上，然后依据年历所给的当日的 P 值进行倾斜，过后便能用这种方法从模板上直接读出太阳边缘特征的位置角。

还有一个方法，尽管可能少了点准确性，但它更加直接，该方法使用了一个带有分度准线的目镜，透过目镜可以看到太阳的整个盘面。这种类型的分度准线内置在了一部分摄影用的导星目镜中，可以通过光学公司或次级经销商购得。在望远镜上，首先必须再次使用漂移法将分度准线与天体的东西方向对齐。一旦某条线（记住是哪一条线，因为它们都是从中心辐射出来的）与东西方向对齐，恢复驱动装置，转动望远镜直至太阳在分度器里居中。

此时，你会想要一张空白的画纸，上面已经预先印好了带有分度准线的标示。不用画出日珥的图片，只需在圆盘边缘绘制出正方形或者长方形，用来表示通过带有分度器刻度的目镜所看到的日珥位置及大致大小。在绘制完所有看到的日珥后，从北极开始绕着太阳向东，同时从 1 开始给日珥打上数字标签，这有助于辨别拍摄到的日珥。做完这一切，便可直接从草图上读取位置角，

而后采用每日的 P 值对位置角进行修正。假如你很仔细，可以把日珥位置的误差精确到几度以内。这种方法最适合做高分辨率图片工作的摄影师获取日珥位置角，或者仅仅是对研究不同纬度下日珥出现频率感兴趣的人。

利用全日面照片确定太阳边缘以上的日珥高度是一种基于已知日面直径的方法。从表 1.1 可以看出，太阳的直径为 1,391,980 千米（即半径为 695,990 千米）。与之相比，地球的直径为 12,756 千米。拿一张太阳的全日面照片（照片越大，精确度越高），再用一把刻度精确到毫米的直尺来测量太阳的直径和日珥的高度。将日珥高度的测量值除以太阳直径的测量值，然后把所得的商乘以 1,391,980，就可以得到日珥实际的高度，单位是千米。当然，这种方法的准确性取决于照片的分辨率，更高质量的测量意味着需要有更佳的图像分辨率。

如果采用视觉方法来确定日珥高度，则需要爱好者拥有一个带刻度的准线或一个动丝测微计。此外，还要用一个计时器来校准望远镜的标示或测微计的游标刻度。由于一年中地球与太阳的距离不同，因此，无论哪次测量都必须执行校准步骤。首先，将放大倍数调整至 100 倍或更高，并关闭驱动装置，通过观察太阳特征在目镜视场中的轨迹，将测量刻度定位于东西方向。一旦刻度与漂移轨迹平行，将太阳置于望远镜中，使太阳西侧边缘与刻度的垂直线相切，而后关闭驱动装置，对整个日面穿过该条切线的时间进行计时。再重复几次该步骤，并取其平均值。

现在等太阳回到上述的切线位置，随后为太阳西侧边缘在刻度的两线之间漂移所花费的时间计时。重复几次，并取其平均值。用上述求得的整个日面的平均穿越时间除以两线间的平均漂移时间，得到日面与刻度的比例系数。此时，拿已知的太阳直径

（1，391，980 千米）除以这个系数，就可以获取图像比例尺，也就是每格刻度所代表的千米长度。只要太阳在望远镜中的虚像直径不随刻度的变化而变化，那么图像比例尺就会保持不变。为了提高精确度，可以使用短焦距的目镜，这样能够提供更高的放大倍数。一旦校准好准线或游标，就可以将刻度叠放在日珥上，然后数一下日珥所占据的刻度数，把刻度的读数乘以图像比例尺，便能获得日珥在边缘以上的视向高度。

确定爆发日珥的视向速度，需要获得一系列精确计时的照片，并且照片要能显示出至少两个位于太阳边缘或接近太阳边缘的参考点。这两个参考点可以是两个宁静日珥，或者是一个宁静日珥与一个太阳黑子。在每张照片中都要仔细辨识爆发日珥内的气体结，然后测量它们相对于先前位置的位移，同时留意连续照片之间的拍摄间隔时间。必须知道照片的比例尺（千米/毫米），或是清楚每张照片中可见的太阳中心以确定比例尺。

基本的技术方法可以通过以下步骤来演示。在获得符合上述标准的一系列照片之后，将它们放在你面前的桌子上。在第一张照片上使用描图纸，并用细头笔或铅笔标出参考点、太阳边缘和你要测量的气体结中心（如果不知道比例尺，也要标出日面中心的位置）。将描图纸转移到这一系列照片的第二张上，将描图纸仔细地对准参考点，再次标记爆发日珥的气体结位置。重复这一步骤，直到测量完最后一张照片。用数字（1、2、3等）标识描图纸上的气体结，而这些数字正与日珥向外发展的过程相对应。

既然照片的比例尺是已知的，那么用毫米尺测量任何两张连续照片中气体结之间的距离，就可以计算出日珥喷射的距离。视向速度（V）的表达式为：V=D/T，其中 D 是两点之间的距离，T 是两点之间的时间间隔。因此，速度的单位为千米/秒。远离

图 7.3 用于日珥测量的动丝测微计

太阳的向外速度为正值（＋），而回落到太阳的物质，其速度则为负值（－）。在不知道照片打印比例尺，但却在视场中捕获到了日面中心的情况下，可以考虑用太阳的半径获得比例尺。表 1.1 中列出的太阳半径为 695, 990 千米，因此，用毫米尺测得照片里太阳中心到边缘的距离，再把这个距离除以 695, 990，就可以得到照片的比例尺（千米／毫米）。

第八章

太阳摄影

8.1 | 爱好之爱好

大多数太阳观测者以摄影的方式记录观测结果，都是出于以下两个原因：一是将观测结果存档并进行难以在目镜上进行的测量；二是与朋友和全世界分享他们的经历。如果应用得当，摄影是复现目镜下所见的理想方法。一瞥中偶得的细节将被定格、增强，同时观测的清晰度也得到了提高。

在本书的开头几段，我们谈到天文摄影是一种"爱好中的爱好"。曾几何时，由于摄影的复杂性，天文爱好者需要培养多种技能，因而他们被戏称为天文摄影师。这些追求摄影的业余爱好者必须精通暗房工作，对大气视宁度有着不可思议的第六感，还要对光学原理有一定的理解。同样，你也可以倾尽几个月的时间来充分了解你所感兴趣的天文知识，然后提高成功拍摄的技巧。

不过，时代变了！对我们大多数人来说，地下室或壁橱里的暗房已改为了储藏空间。如今，并不一定非要在红色安全灯的照射下、在化学托盘的四处飞溅中处理照片。与之相反，对照片的所有调整都可以在台式或者笔记本电脑上完成了。这里点击一下鼠标，那里敲一下键盘，好似变魔术一般，照片就可以从你身旁桌子上的一个小型设备中打印出来，或者在网上发布，让所有人欣赏。

然而，天文摄影仍旧是一项爱好中的爱好，虽然仍旧需要培养不同的技能，但这些都是现成的，有很多技术迷已经仔细研究过。如今，脑袋灵光点的人都能理解家用电脑、操作网络摄像头、使用电子邮件以及处理文件任务。尽管如此，掌握基本的光学知识还是有益的，不过因为当今有了现成的望远镜组件，所以光学知识也变得不那么必要了。

8.2 ┃ 历史扼要

　　法国人涅普斯将感光纸曝光，成功地制作出了第一张照片，而早在这之前，某些化学物质的感光特性就已经被发现了。涅普斯的方法需要 8 小时的冗长曝光才能记录下那张闻名遐迩的《窗外风景》(世界首张照片)。1839 年左右，也就是在涅普斯曝光出第一张照片之后不久，另一位法国人路易·达盖尔(Louis Daguerre)完善了银版照相法(以其发明者的姓名命名，亦称为达盖尔照相法)。银版照相法把一块涂有碘化银的铜板在相机中曝光，而后用水银蒸气显影。在那个时代，高质量的照片已经成为可能，但银版照相法是一种非常昂贵的工艺，而且只能产出原始图像，没有中间底片可用，同时也无法提供用于制作额外图像的副本。

　　大约在此期间，天文学家约翰·赫歇尔——赫歇尔光劈的发明者、赫赫有名的威廉·赫歇尔[①]的儿子——创造了"摄影"一词，用来描述这项新发明。摄影的字面意思是"对光的书写"，在现代数字摄影的术语中，照片常常也被称为图像，因而照片和图像已经成为可以互换的术语。也是在这个时候，威廉·亨利·福克斯·塔尔伯特(William Henry Fox Talbot)创造了另一种被叫作"碘化银纸照相法(亦称卡罗式照相法)"的摄影工艺。碘化银纸照相法产生的纸质底片不仅可以用来生成正片，而且与银版照相法相比，它的一个明显优势是能够复制出照片的副本。

　　而太阳摄影开始于 1845 年，当时莱昂·福科(Léon Foucault)

---

① 威廉·赫歇尔是历史上第一位"专业"天文学家，他还发现了红外线。

获得了第一张太阳照片。这第一张太阳照片的细节足以展现临边昏暗现象和少量的太阳黑子。福科最主要的贡献是以他的名字命名的反光镜测试方法，用来判断光学表面的质量。

在这些早期的成果中，感光乳剂（感光涂层）的敏感性都很差，也就是说需要曝光很长时间，直到弗雷德里克·阿切尔（Fredrick Archer）发明出湿版火棉胶工艺，这一情况才得以改善。阿切尔的湿版摄影法把原先漫长的曝光时间减少到现如今的几秒钟。湿版摄影法虽然在曝光速度上更快，但缺点是需要在拍摄现场制作感光涂层与搭建加工间。并且拍摄时，湿版要保持湿润，直至照片定型完成。同样，还是大约在这个时候（1870年），查尔斯·A.扬成功拍摄了不在日食期间的第一个日珥。

次年，理查德·马多克斯（Richard Maddox）推出了一种干版照相法，再次实现了摄影的巨大飞跃。马多克斯发现溴化银可以悬浮在一层明胶当中，然后就把这种物质涂抹在了感光板上。干版的发展为摄影师储存和处理印版提供了便利。在此前不久，物理学家詹姆斯·克拉克－麦克斯韦尔（James Clerk-Maxwell）证明了彩色摄影是可行的。他通过红、绿、蓝三色滤光片分别进行曝光，而后使用三个幻灯片投影仪通过三个原先相同的滤光片进行照射，将它们重新组合成了一张彩色照片。

随着乔治·伊士曼（George Eastman）推出柯达相机，摄影技术开始普及。以前只有受过训练的人才能知道并理解摄影过程的奇妙之处。1889年，伊士曼在他的相机中引入了柔性胶卷，而不是以往的纸质底片，而且柯达在20世纪还一直是感光涂层方面的领军者。此外，各路摄影师充分探索并使用了超增感等技术，这些技术可以帮助对抗弱光条件下感光乳剂的低效性。

1969年，由贝尔实验室乔治·史密斯（George Smith）和威拉德·博伊尔（Willard Boyle）发明的电荷耦合器件（CCD）悄然揭开了摄影的新时代。这个新设备原本是为了存储计算机数据而设计出来的，它对光十分敏感，并且在五年内，第一块成像芯片就被制造了出来。第二年，柯达公司组装了第一台基于CCD的静态相机。之后的1991年，柯达向摄影记者发布了一款专业的数码相机，这是一台经过改装的尼康F-3，它配备了130万像素的传感器。

1994年左右，苹果首次向大众销售了一款家用电脑上的相机，QuickTake100。QuickTake有一个640×480像素的CCD，并在内部存储器中存储了8张图像。反观天文方面的CCD相机，同样发展得很快，除此以外，整个摄像领域都迎来了革命浪潮，数码点拍（定点拍摄）相机、数码单反镜头相机（DSLR）和电脑网络摄像头等都百花齐放。

21世纪的太阳观测爱好者使用着这些不同的数字设备来记录太阳活动，当然也有小部分仍旧保留着用胶片记录的习惯。伴随相机的更新与支持系统的引入，现有的相机和支持系统在被逐步淘汰，数字革命继续进行着。数码相机是指任何带有光传感器，并且能够拍摄图像的电子装置。而当说到传感器时，摄影胶片或数字传感器都适用于这个词。在接下来的几页内容中，我们将阐释目前的产品和方法是如何与之前的技术相融合，用以拍摄出业余圈子里所看到的高品质图像。而且，这些页面中谈论到的概念和原理适用于任何正在使用的方法。总之，无论哪种情况，都是为了尽可能清晰地捕捉到锐利且精细的太阳图像。

8.3 太阳摄影基础

"拍摄太阳照片时，相机的最佳设置是什么？"这是每位太阳观测老手都会从新手那里听到的一个问题。当胶片是天文爱好者唯一可用的媒介时，这个问题很容易回答。然而，只有少数型号的相机才具有出色的天文摄影功能，这些相机有着理想的特性，包括无振动的操作与轻便的机身。

如今，再回答同样的问题时，尽管对太阳拍摄的特殊需求依旧保持不变，但把数码相机放在一起时，有了更多相机的品牌和型号（其中有些甚至异于传统相机）可以在天文摄影时考虑使用。

无论是数码相机还是胶片相机，都可以设置到目镜处无限远的焦距，然后按下快门，偶尔能获得一张差强人意的照片。尽管使用这种拍摄方法很少能如愿以偿，但也还是有可能的。与之相反，如果作为一名天文摄影师，则应当寻找一条对拍摄结果比较有把握的路。因为，天文观测的时间与机会都很有限，不应该听天由命。一套符合以下参数的摄影系统能够产生高清晰度的太阳照片。

首先，必须对太阳望远镜进行正确地准直。准直度差的望远镜会受到放大的像差与分辨率损失的影响。即使是很少需要调整的折射镜，也必须定期检查其是否校准好了。有时，只需拧一拧准直螺丝就能显著提高望远镜的性能。也可以使用各种用于准直的扳手和工具，而详细的说明则要查阅望远镜用户手册或是望远镜制造手册。

经验丰富的摄影师会为自己的相机选择一个有效的焦距来拍摄照片，该焦距能充分优化望远镜与传感器组合的分辨率。而在业余圈子里，会经常看到一套望远镜与相机合二为一的系统所拍摄出来的图像，但这样的系统太小以至于无法进行高清晰度的拍摄工作，并且特征的分辨率也会受到影响。

在数字领域，奈奎斯特定理指出，为了有效地体现望远镜的分辨率，电子传感器中的两个像素必须至少覆盖望远镜的理论分辨率。比如，对于100~200毫米孔径范围内的望远镜（理论分辨率为1.1~0.6角秒），意味着每个像素要达到大约0.5~0.25角秒的采样值。换言之，奈奎斯特定理表明，为了优化分辨率，位于传感器上的图像必须足够大，才能让至少两个像素被天空中的角位移覆盖，这等于望远镜的理论分辨率。而对图像进行一点过度采样，即分辨率包含两个像素以上，也是可取的，而且大多数经验老到的摄影师会建议使用接近每像素0.1角秒的采样值进行拍摄。了解传感器的像素大小至关重要，这些信息通常会公布在相机的用户手册中，或者可以在互联网上找到。望远镜/传感器系统合适采样值的计算公式如下：

传感器像素大小（微米）/ 焦距（毫米）×206 = 采样值（角秒/像素）

天文用途的相机必须有一种方法来精确地找到焦点和监测图像质量，或者更具体地说，监测视宁度条件。假如使用了数码相机，则意味着可以与外部视频监视器连接。由于热空气或冷空气产生的大气对流单体，以及太阳热量累积导致的相关部件的逐渐膨胀，会使望远镜失焦，因而，在整个观测过程中，都需要检查并校正望远镜/摄像机系统的焦点。在开始观测之前，为设备做好设置，能让望远镜有时间去适应周围空气的温度。根据温度的不同，这一适应过程可能需要花费数分钟到一小时。如果是在后院里的观测点，则可以在观测之前打开一段时间，这样空气就能在仪器周围流通。

其次，相机不得产生可能导致图像模糊的任何抖动。电子遥控快门线或是气动快门线能将摄影师的双手从相机上解放出来，从而消除了引起振动的机会。还有一些相机采用了低振动快门装置，同样有助于减缓振动。对于高清摄影来说，快门速度快点更为适合，至少要达到 1/125 秒，这样才能定格住由视宁度引起的像移。

为了让白光摄影更容易达到高速快门，摄影师可以选择滤光片来控制到达像平面的光强。有一种特殊的薄型摄影物镜滤光片，它可以在更短的曝光时间内透过更多的光。一般用于视觉观测的物镜滤光片光密度为 5.0，而用于拍照的特殊滤光片的光密度在 2.5 至 4.0。许多反光式相机允许在人眼和相机取景器之间安装一个额外的卡扣式或螺旋式滤光片，而我们就应当在此处插入一块拍照用的滤光片，如此便能保证整个光学系统在眼睛处的光密度为 5.0。有这样一个经验法则：任何进入观测者眼睛的光线都必须去除红外 / 紫外辐射，并达到安全的强度水平。对于白光摄影，还可以考虑在传感器前插入一块附加滤光片，就像第三章中所讲，用来增强你感兴趣的特征。绿色滤光片是拍摄米粒组织的最佳选择，蓝色滤光片则适合光斑的拍摄，而红色滤光片对应太阳黑子半影细节的拍摄。

传感器（胶片或 CCD 芯片）应该与所拍摄的内容相适应，比如，对于全日面的白光摄影，高速、大粒度的胶片就很不合适。这是为什么呢？因为图像亮度足够，并不需要额外的感光度，而且大粒度的胶片会导致图像分辨率的损失。这种情况下，更适合的是慢速、细粒度的胶片，或者是具有精细像素的电子传感器。尤其是在拍摄色球层时，需要感光度好的传感器来对相应的光谱区域进行成像。

令人讶异的是，尽管有时别无二选，只能使用拍摄彩色照片的传感器，但它并不总是太阳摄影的最佳选择。现实是，白光下的太阳通常会被过滤，只保留一些颜色的宽带成分，其他的都会被去除掉，而保留下来的宽带凸显了观测的某个特定特征。即使是投影望远镜观测到的未经过滤的视图，也只展现出白光太阳是由一些最弱的色调组成，鲜有明显的色彩。而单色太阳视图被严格地限制成了一种颜色，一般是带宽非常窄的纯红色光或蓝色光。

与彩色摄影的相机比起来，拍摄灰度图像的单色数码相机或者拍摄黑白图像的胶片相机都要更好一些。当然，除了拍摄日全食以外，对于太阳摄影，胶片和数字格式的灰度图像往往比彩色图像更清晰。这是因为对于真正的单色数码相机来说，其传感器的所有像素都用来生成灰度图像。但是对于彩色数码摄影而言，则需要指定某些像素来记录 RGB 色域内的特定颜色，从而导致了单色效率的损失。不过，也别因此而放弃希望，因为当在图像处理阶段使用捕捉最佳细节的颜色通道时，拍摄彩色图像的相机就会非常有效。此外，出于审美目的，在相片印刷过程中或作为图像处理步骤之一时，十有八九会按需求给照片上色。至于慢速胶片，它能够表现出特征细腻的纹理；同样，有着高质量文件设置的数码相机也能拍出最精细像素尺寸的照片。无论是哪种设备，都能胜任捕捉图像细节的工作。

摄影师可以控制拍摄过程的许多方面：望远镜系统的质量、使用到的滤光片、快门速度、传感器。然而，最关键的因素，同时也是他几乎无法或根本控制不了的一个因素，就是大气视宁度。诚然，一个人可以通过谨慎地挑选观测地点，避免一些问题的发生，甚至还可以去认真地研究局部的视宁度模式，但作为观测者的我们终究只能听天由命，看天"吃饭"。

从业余爱好者的角度来看，有两个方向可以突破视宁度所带来的能见性困境。一种是"选择性摄影"，这意味着只在视宁度特别好的时候尝试拍摄。对于胶片用户来说，从成本角度出发，这是切实可行的方法。即使只在视宁度最好的时候才按下快门，在整理冲洗好的底片时，大部分的底片也都会被丢弃掉。因此，曝光的时机至关重要。如果在天空平静下来的时刻进行拍摄，拍到清晰照片的概率会大大增加，至少有好几张。至于另一种方法，我们称之为"随机摄影"。这需要摄影师自行决定拍摄很多照片，然后从中挑出好的。毫无疑问，使用这种方法可以捕捉到许多精彩的图像。并且该方法特别适用于数码相机，在一次观测过程中，就能得到几百张照片。

我自己的数码拍摄步骤结合了这两者，并且监测着视宁度条件，当看到天空平静时，就连拍许多张照片。这种方法减少了我丢弃大量劣质照片的行为，同时也增加了我捕捉到特别清晰的照片的机会。无论你是选择胶片摄影还是数码摄影，在条件允许的情况下都尽可能多地拍摄照片。过后再回看拍摄的照片，留下质量高的，丢弃不清晰的。最后，只将最棒的照片存档以供进一步的研究。所有一直都成功的天文摄影家都遵循着这些步骤，很少有一张清晰的太阳照片是只从少数几张中挑选出来的。

有三种基本的配置可用于设置望远镜和照相机系统，分别是直接物镜法（亦称直接焦点法、直焦法或主焦法）、无焦法和投影法。具体选哪一种配置则取决于手头有哪些设备，以及拍摄什么样的内容。

直接物镜摄影法是三种方法中最简单的一种，只需一台可拆卸镜头的相机和一个用于将相机安装到望远镜上的接合器。这种方法提供了最宽广的视场，并且视场有多大取决于传感器的大小和望远镜的焦距，该方法通常也会被用于太阳全日面摄影。望远镜的目镜被移除，取而代之的是拆卸掉了镜头的相机，如此，物镜所产生的虚像就在胶片平面或 CCD 芯片上形成了。在这种配置方法中，望远镜的物镜变成了相机的镜头，且本质上是一个非常长的长焦镜头。一个很小尺寸的传感器或一个很长的焦距可以让巨大的太阳圆面充满整个画面。当然，对于传感器的尺寸来说，用太长的焦距来捕获整个日面是不切实际的。标准胶片尺寸的长为 35 毫米，宽为 24 毫米。而数码相机可能具有与 35 毫米胶片尺寸相当的 CCD 芯片，或者更小，只有几平方毫米。显然，一些数码相机并不太适合这种全日面成像方法。为了计算太阳在望远镜焦平面内的近似大小，可以使用公式：

望远镜的焦距（毫米）× 0.009 = 太阳直径（毫米）

不要试图填满整个画幅，要为太阳周围的天空留出大约是日面直径 5%~10% 的空白，以便在构图时有一定的自由度。

一些摄影师开发了一种变通之法，用较小尺寸的传感器芯片就能拍摄整个日面。通过把日面分成四个象限进行拍摄，然后在电脑上进行组合，就可以最终拍摄到面向地球的完整太阳半球。虽然这种方法增加了许多工作量，但对于只有小尺寸传感器的观测者来说，它确实提供了一种全日面成像的方式。

与其他方法相比，主焦摄影法的一个显著优点是它所需的光学元件更少。而且，由于元件数量最少，它把潜在的光散射和波前误差降到了最低，并增加了可拍摄的对比度和细节。此外，一架制作精良的折射镜或者牛顿式望远镜是这种摄影法的最佳拍档。

　　施密特–卡塞格林式望远镜是一种常见的望远镜设计，但受其视场曲率的影响，很难用平面胶片相机获得整个日面的精确焦点。施密特–卡塞格林式望远镜中的视场曲率被称为佩兹伐曲率，对于该曲率最简单的解决方案是将望远镜的孔径缩小至 100 毫米（f/20）左右，从而降低分辨率，但同时也会使得景深变大。尽管如此，即使把孔径缩小，这架望远镜也能在大约 99% 的时间内提供预期的大气分辨率。

　　并非每台相机的镜头都可以拆卸，所以有时直接物镜摄影法可能是不可行的。最近的许多数码机型都有一个固定但可调焦的镜头，如果天文摄影师拥有这种类型的相机，可以运用另外一种被称作无焦摄影法的成像技术。无焦意味着望远镜的光线最终会在人眼中聚焦成像，而倘若把镜头焦点设置在无限远处，就可以将相机直接放置在目镜的后面。光线从目镜中以平行光的方式射出，就如同来自远处物体的光线一样。然后，相机镜头再将这些光线汇聚到像平面的焦点上。如此一来，即使是一台简易的点拍（定点拍摄）相机也可以采用这种方式进行拍照。将相机用连接器安装到望远镜上，可以购买或自行制作连接到望远镜上的可调节支架，且支架上采用一个型号为 ¼–20 的三脚架连接螺纹把相机固定到位。接下来，首选的方案是在相机镜头和目镜之间安装一个商用的目镜接合器，而后再插入聚焦器。一些制造商甚至提供了特制的目镜，可以直接连接到相机镜头上，无须目镜接合器。此外，一个能调整目镜相对于相机镜头位置的装置也是不可或缺的，这样就可以保证目镜的出射光瞳在相机的可变光圈附近形成，该位置确保了相机中的渐晕（边缘变暗）达到最小。使用这种接合器让目镜和相机镜头之间的空隙得以密封，还可以减少相机中的散射光。

为了计算无焦设置下的图像比例尺，有必要确定望远镜／相机系统的有效焦距。一架望远镜的有效焦距是指采用了放大或缩小光学系统后的总焦距。对于直接物镜摄影法，望远镜的焦距是一个已知量，可以用如下公式计算出像平面上 1 角秒所对应的线性尺寸：

$$焦距（毫米）/ 206, 265 = 毫米 / 角秒$$

例如，一架折射式望远镜的参数为 125 毫米、f/18，则它的焦距是 2250 毫米（125 毫米 × 18）。再将 2250 毫米代入上述公式，所得的商表明，这架望远镜焦点处的比例尺为 0.01 毫米／角秒。至于无焦望远镜／相机系统的总焦距或者有效焦距，则是用另外一个公式计算的，具体如下：

$$有效焦距（毫米）= 放大倍数 × 相机镜头的焦距（毫米）$$

让我们再次以一架参数为 125 毫米、f/18 的折射式望远镜为例，搭配上 25 毫米焦距的目镜，以及一台尼康的 CoolPix 990 数码相机。带有 25 毫米焦距目镜的望远镜能提供 90 倍的放大率（望远镜焦距／目镜焦距），而尼康 CP990 相机有一颗光学变焦镜头，焦距范围是 8~24 毫米。当相机在 8 毫米的镜头位置使用时，该望远镜／目镜／相机组合的有效焦距为 720 毫米（90×8 毫米）。而当相机镜头延伸至 24 毫米的最大光学变焦时，有效焦距就变为了 2160 毫米（90×24 毫米）。然后可以把现在已知的系统有效焦距代入到之前的公式中，进而能获得像平面的比例尺。显而易见，通过选择更短焦距的目镜和（或）更长焦距的相机镜头，可以很容易地达到更大的图像比例尺。

至于目镜的选择，高端产品往往是更好的投资。因为顶级的目镜可以产生更平坦的视场、清晰的图像以及更好的镜目距 / 适瞳距[①]特性。而中等至稍长焦距的目镜（15~32 毫米）在使用小镜头的相机时，性能会更好一些。

尽管无焦摄影法在捕获图像方面的效果甚好，但相机的镜头元件使系统在光线的利用效率上有点低，而且如果连接的是一台低端相机，还很容易出现像差的问题。直接物镜摄影法是有效的，然而，除非使用长焦距，否则活动区的成像将会很小且分辨率不高。虽然无焦摄影法可以为成像细节提供适当的比例尺，但最有效的方法还是采用正透镜或负透镜来放大太阳，从而无须让光线透过额外的相机镜头，我们把这样的方法叫作投影摄影法。

假如你尝试过用第三章中描述的太阳投影法来观测白光太阳，那么你就理解了投影法的工作原理。用传感器代替投影屏幕，再加上太阳滤光片，就有了太阳投影拍摄的基本布局。而正透镜（通常是制作精良的目镜）、负透镜（增距镜、巴罗透镜）或者负透镜与正透镜的组合，例如远心透镜或 Powermate™ 放大透镜，这些都是可以的。萝卜青菜，各有所爱，每位摄影师采用的配置都不尽相同，但无论哪种设置，其目的都是将主像放大到可以进行高清拍摄的尺寸，且放大倍数通常为 3~10 倍。

到底是用正透镜还是负透镜进行投影呢？答案是，两者都各有优点，并且都已经为经验丰富的太阳摄影师所成功使用。每位

---

① 目视光学仪器中，光学系统最后一面与出瞳之间的距离。

观测者的配件包中都应当配有一块焦距合适的目镜，而正透镜是理想成像的首选。建议使用无畸变目镜、普洛目镜或其他校正好的目镜作为正透镜。一些摄影师甚至从用过的缩微胶片相机中挑选出多余的光学元件，作为投影镜头。由于目镜从其正常无焦位置（即对眼睛聚焦）移动到放大倍数无限大附近处的距离，只是目镜自身的焦距，因而对于投影摄影法来说，这样的短距离使得望远镜能够很容易地与标准聚焦器相兼容。另外，相机和目镜的间距是放大倍数的控制因素，所以可采用与目镜焦距长度相等的延伸套筒来增加额外的放大倍数。

尽管采用正透镜进行投影有着种种便利性，但却很难用它进行较低倍率的工作。而且随着传感器和目镜之间的距离越来越小（与此同时，放大倍数也越来越小），其小视场透镜开始限制图像边缘的光线。相对于用正透镜投影而言，更有效的替代方案是使用更大直径（30毫米以上）的负透镜来投影。虽然负透镜与相机的间距与正透镜相近，但鉴于负透镜位于物镜光锥的内部，而正透镜位于外部，所以能让望远镜／相机系统的结构更加紧凑，这也是负透镜投影的另一个优势。

此时，为了确定所需有效焦距相对应的间距，必须计算多个量。首先，确定传感器上的成像大小。如果是以望远镜的理论分辨率进行拍摄，则必须考虑奈奎斯特定律以及用到了前面介绍的焦距和分辨率的公式。而假如你对捕捉一个特定角度的视场感兴趣，那么要求出在像平面上1角秒的线性尺寸所对应的焦距，然后再考虑传感器的规格，因为太小的传感器可能无法覆盖住给定焦距下的视场。一旦知道了整个投影系统所需的总焦距，就可用如下公式来计算投影放大倍数，以获得所需的正透镜或负透镜的有效焦距：

有效焦距 / 望远镜焦距 = 投影放大倍数

现在，我们已经知道了主像必须放大多少倍才能达到所需的有效焦距，接下来，投影透镜与传感器之间的间隔就可以通过以下公式进行计算：

正透镜与传感器之间的间隔 =（投影放大倍数 +1）× 投影透镜焦距

负透镜与传感器之间的间隔 =（投影放大倍数 –1）× 投影透镜焦距

如果要进一步优化投影摄影法，则要求光路中光线没有反射，这样有助于减少散射并提高图像的对比度。接合器、延伸套筒等的内部必须都是单一的黑色，同时，延伸套筒内部的切割螺纹与防眩光装置都是控制杂散光的极好方法。

以下是拍摄太阳高清照片的一些关键点：

1. 组装一套能达到角秒分辨率的精细系统；

2. 挑选一个能增强所研究特征的传感器 / 滤光片组合；

3. 时常且准确地进行对焦；

4. 使用 1/125 秒或更高的快门速度来定格大气视宁度；

5. 监测视宁度，并且只在视图最清晰的时刻进行拍摄；

6. 如果可能的话，使用单色数码相机或者黑白胶片相机拍摄，至于颜色可在之后添加；

7. 多拍少存。

8.4 | 胶片相机

胶片摄影很可能会逐步发展成一种选择性的摄影技术，也就是只选在视宁度好的时刻曝光拍摄。尽管视宁度可能达不到理想状态，但这种技术背后的要点是增加抓拍到有效图像的概率。这种方法具体是通过监测太阳来实施的，而用于监测太阳与用在摄影上的光学仪器是相同的。一些有着相同目的的爱好者自制了分束器，能够在太阳光进入相机之前，分出一部分光线送入目镜中直接察看，或者把分出的光线传输到摄像机中远程浏览。然而，最简单的方法是在 35 毫米单反相机中插入一块透明的聚焦屏幕。这块透明屏幕上压印了一个十字准线，当透过取景器能够看见十字准线与太阳清晰的成像时，整套系统就对好焦了。这么做远比在粗糙的磨砂玻璃屏幕上对焦更准确。

除了用于对焦以外，透明屏幕的另一个好处是模拟肉眼的观测效果。因为在相机的取景器中，视宁度的特点非常明显，并且相机的快门需要在视宁度条件最好的时刻按下。由于良好的视宁度稍纵即逝，所以需要一些练习和预判，以缩短观测者在按下快门时的反应时间。像专家那般对时机的把握离不开熟能生巧，而普通人可能需要投入几卷胶片才能掌握这项技术。还有，为了抑制相机／望远镜系统的抖动，可以尝试使用气动快门线来触发快门。

对于一台相机来说，低抖动的快门系统是一个强制性的要求，否则镜片的摇晃和（或）快门的弹动会使照片模糊，变为废片。奥林巴斯 OM-1 和米兰达 Laborec 这两款老式单反相机十分有名，它们有着最小的内部振动。在二手相机市场可以找到这些机型，而且最早的 Laborec 相机是挂着 Mirax 的牌子在出售的。这些相机的附件很有用，包括一套可更换的显示屏以及一个可变焦的放大镜。20 世纪 60 年代的老款 Laborec 相机顶部的观测透镜实际上是一块放大镜，其工作原理与望远镜的目镜一样。遗憾的是，最早的 Laborec 型号的快门范围有限，最高速度为 1/125 秒，只能勉强用于太阳摄影。尽管如此，对于胶片摄影，还是强烈推荐奥林巴斯或米兰达的相机。

在开始拍摄前需要进行一些实验，目的是找到望远镜 / 滤镜 / 胶片这套组合的适当曝光。要想定格住视宁度条件至少需要 1/125 秒的快门速度，摄影师需要在理想的设置左右增减曝光，以补偿曝光的变化。在摄影过程中，首先要对滤光片、胶片和曝光时间进行详细记录。在胶片冲洗后，将这些记录与胶片图像进行比对，而后将最佳设置作为未来拍摄的基础。影响曝光的因素包括胶片速度、显影时间和温度、滤光片品质、天空的透明度以及太阳在地平线以上的高度。

对任何具体型号胶片的推荐都很有风险，因为摄影领域日新月异，当你手捧此书时，里面提到的产品兴许早已下架。不过还是有些一般性的建议给大家，最好选择具有较慢 ISO 速度和精细粒度的黑白感光乳剂。对于 H-alpha 摄影，则优先选择在光谱的红色区域内具有扩展感光度的黑白胶片。因为太阳的特征通常都是低对比度的，所以胶片的处理通常由摄影师自己决定，要么用提高对比度的显影剂，要么将多用途显影剂的显影时间延长一倍。在使用胶片时，成功的关键点在于一致性，一旦试验出了一套成功有效的程序，就要贯彻下去，只在必要时对其进行调整。太多的测试不仅会浪费胶片，增加成本，更重要的是会错失拍摄的机会。

说到错过的机会，我们应当对天文摄影中常常遇到的一些绊脚石做到心里有数。例如，将胶片装入相机时要小心，确保胶片的片头正确地放置在卷轴上。在打开相机的背面之前，要保证已经将胶片完全卷绕到片舱里。最后，如果快门没有与胶卷推进机构相连，则一定要记得在每张照片拍摄后给胶卷上好发条。许多人都或多或少犯过这些错误，还有一些人一路走来出的错更多。对我来说曾经发生过一件最令人灰心丧气的事情，当时是在水星凌日完成之后，结果我发现片头并没有正确地放置在卷轴上，最终一张照片都没有记录下来，因为胶片无法在两次拍摄之间被推进。

　　为了记录一张照片的详情，需要摘录下拍摄内容、拍摄时间、曝光时间、视宁度条件以及使用的设备。例如一张活动区的照片，如果拍摄时间未知，就没有什么科学价值。这样的记录并不是胶片所特有的，如果想要照片具有表现美以外的意义，那么即使是数字图像也必须有适当的记录。

　　一旦处理并晾干好底片，就要开始挑选的工作了。拿灯箱照亮底片，以便用放大镜检查。首先，用细尖的底片记号笔给底片连续编号，按顺序把底片与你在望远镜前做的记录相匹配。然后，将胶片切分成六次曝光下的单条胶片，再用放大镜检查它们的清晰度与细节。辨认出有足够清晰画面的几帧，直到把它们打印出来或扫描到电脑上进行数字处理之后，再将底片保存在玻璃纸中。胶片扫描为摄影师在打印/出版过程中拓展了更丰富的工具箱，包括调整亮度/对比度、锐化以及直方图等。

　　令一些人失望的是，数码相机正在逐步取代胶片市场。但我们还是鼓励任何对成像感兴趣的太阳观测天文新手认真考虑考虑胶片摄影。假如你已经精通胶片摄影，并且希望有一个平缓的学习曲线，那么以往的经验可以恰当地运用在太阳胶片摄影上；而对于对胶片摄影没有任何经验的人来讲，最好先拿数码相机"牛刀小试"一番，作为太阳摄影的切入点。

8.5 数码相机

如今，数码相机市场里各种最新的产品琳琅满目。如果你对此表示怀疑，可以去搜一搜相关的产品。这些相机的功能日新月异，包括自动对焦、自动闪光、光学和数字变焦、存储卡、电影制作功能、相机内置的图像处理软件等。一开始，这些铺天盖地的功能兴许会劝退你，让人有些惧怕。但如果你已经学会了胶片摄影中的技巧，并且得心应手，那么你同样能在数码摄影方面有所建树。并且有些数码相机的功能可以让太阳摄影这项爱好变得更容易与可靠。因为数码相机不使用胶片，所以不会有额外的胶片成本或者处理花销，这是使用数码相机最直接的一个好处。数码相机的存储卡可以重复使用，一张普通的存储卡可以存储数百张照片。这点同样是数码相机的优势所在，因为这样的数量足以应付多变的大气视宁度，把太阳拍个够。

几款更具适应性的数码相机则来自尼康早期的 CoolPix 系列（880/990/995/4500）相机，该系列的每一款都是高端的定点拍摄非单反相机。在最新的天文书籍与杂志中，用这些相机完成的摄影作品随处可见。我自己用的是尼康 CP990，对数字天文摄影的介绍会以它为例，且接下来的讨论也是基于我对该相机的使用经验。

尼康 CP990 有一颗固定镜头，连接在望远镜的无焦位置。当它用于无焦摄影时，发挥出数码相机卓越性能的重点在于一颗制作精良的相机镜头。谨记，光路中插入的光学元件越多，产生像差的可能性就会越大。CP990 采用了 Nikkor 品牌的镜头，该镜头以卓越的质量和一流的效果而闻名。配合上28毫米的T型螺纹连接器，我以往使用的延伸套筒和胶片相机接合器就能适用于目前CP990的无焦拍摄。T型螺纹连接器为相机镜头和目镜支架之间提供了连接，目镜放置在支架上，用滚花螺钉锁定到位，而后把这样的一套组件插入至望远镜的聚焦器当中。

我常用的是一块无畸变目镜或普洛目镜，其焦距为18~25毫米。为了获得更大的放大率，我还在目镜前插入了一块消色差的2.4倍巴罗透镜。许多消费级数码相机，如CP990，都有一个内置的变焦功能，这一功能为望远镜/相机系统有效焦距的增加提供了一个绝佳的手段。警告：尽量只使用光学变焦，避免使用数字变焦，因为数字变焦只能通过放大图像的中心部分来填充画面。此外，与光学变焦不同，数字变焦并不能增加可见的细节数量，它只是放大了图像，且看起来颗粒感更强。

电量耗尽就意味着数码相机一次拍摄生命的终止，但天文学家可以随身携带满满一口袋的可充电电池，当然也可以使用其他电池备用。尼康相机有一个交流/直流适配器的配件，可用作外部电源。尽管在远程观测现场电源适配器几乎无法使用，但在任何有标准室内电源的地方，它都能派上用场。因此，购买电源适配器是一项很明智的投资。

尼康还提供了一条遥控快门线，这样摄影师不用接触相机就可以按下快门。这是一个很有用的配件，但同样可以用气动快门线来替代它。将铝杆连接到CP990相机底部的三脚架接口处，且铝杆弯折能够让气动装置里的柱塞在上方对准快门按钮，并在手捏气囊球时按下快门。如果相机处于连拍模式，则直到松开气囊球（快门按钮）时才会停止拍摄。气囊球相较于电子快门更可取，原因是使用常规快门按钮拍照的延迟时间会更短一些。最后，重要的事情再啰唆一遍，良好的视宁度条件转瞬即逝，待天空宁静稳定时再摁下快门。

我把相机设置成了手动曝光模式，光圈全开，快门速度相应调整，以此获得适当的曝光。对我来讲，平常都是在相机测光表所测定的建议设置范围内来增减曝光。在拍摄白光太阳时，我使用了各式的宽带滤光片，而每个滤光片的曝光系数都不尽相同。相机的测光表是一种快速、准确地确定近似曝光的方法，能很好地应对不同的滤光片所带来的影响。至于传感器的灵敏度，我把 ISO 设置成了 100，并采用黑白记录模式，以及 2048×1536 像素的最大图像尺寸。图片的保存格式我选择了会有轻度压缩的 JPEG 格式，这么设置能减少相机从存储图片到能重新拍摄之间的时长，而如果使用 TIFF 格式，再次拍摄所需的等待时间会进一步延长。除以此外，使用 JPEG 格式压缩，图片的质量几乎不会受到影响，文件大小的减少所带来的好处也远超 TIFF 格式能保存原始照片所带来的优势。相机的镜头焦点则设定在无限远处，并启用了连拍功能。

CP990 具有一个独特的软件选项，叫作"最佳精选镜头"，它能自动比较多达 10 张的一组照片，而后把其中最清晰的一张保存到存储卡中。我偶尔会用这项功能来降低拍摄过程中所累积的废片数量。至于相机其他的一些特性，像对比度、亮度和锐化都比较主观，这里我就不给出相关的建议了。

在大多数相机的小块 LCD（液晶显示屏）上，要想找到准确的焦点并监测视宁度，几乎是一件不可能的事儿，尤其在白天更没戏。为了解决这个问题，许多摄影师会把相机的信号传输到高分辨率的电视监视器上。而谈到离机画面的监看，可以瞧瞧 Radio Shack 公司提供的 210 毫米黑白安全监视器。将该监视器插入相机的视频输出端口，再用标准交流电插座供电。此时，寻找焦点简直是易如反掌；而且，利用经过电视监视器放大后的屏幕图像，将相机对准天体的东西方向以及取景也变得更加容易。

控制住监视器大屏幕上的眩光和周围日光的反射相当重要，因此，可以拿黑色泡沫板制作一个遮光罩，并用尼龙搭扣固定在监视器的外壳上。在屏幕中央上方开一个窥视孔，以便摄影师能在阴暗的环境中观看屏幕。除此以外，还可以用一个大纸板箱围扣住监视器，甚至可以把黑色衣衫或毛巾披在监视器与自己的身上。再或者，考虑将监视器移到室内的控制室，同时远程控制望远镜的回转定向。

使用数码相机进行无焦摄影时，偶尔的出错在所难免。渐晕现象，即图像边缘变暗是较为常见的一种，它可能是好几个错误所导致的结果。比如，相机没有对准中心或垂直于光轴安装，图像的一些角落就会呈现出渐变的外观，在极端情况下甚至是纯黑色的。而最有可能的原因是望远镜的出射光瞳和相机的入射光瞳不匹配。因而为了最佳的成像效果，望远镜和目镜的出射光瞳应该等于相机的入射光瞳。或者可能是相机距离目镜太远，如若是这种情况，重新调整相机相对于目镜的位置，使相机镜头的光圈位于目镜的出射光瞳处。

非自然饱和的随机像素会在照片中产生叫作噪点的斑点效果，一个可行的解决方案是降低传感器的 ISO 值并增加曝光时间。此外，相机过热也会产生噪点，特别是在大太阳下待了一段时间的相机。如果数码相机本身产生的热量是罪魁祸首，必要时可关闭相机进行定期降温。另一种方法也能人为地抑制照片中的噪点，在图像处理过程中，对时间相近的多张照片实施分层或合成操作，由于这几张照片在帧与帧之间应该略有偏移，因此每张图片的噪点就不会相互重叠。这种堆栈技术有效地填补了主像中缺失的数据。

CP990 典型的成像操作遵循着以下顺序。监视器通过视频输出端口与相机连接，数码相机组件（相机＋接合器＋目镜）被插入到望远镜的聚焦器当中。给监视器和相机通上电，然后透过安全监视器上的遮光板窥视孔观察太阳在望远镜中的位置。大致对一下焦，并在对焦装置中转动相机机身，直到天体东西方向的赤纬线与图像外框的长边平行。此时，画出成像区域的草图，并标记出天体的方向（北和东），以供后续图像处理参考。使用望远镜的微动控制装置，将成像区域放在监视器的中心，并进行精细对焦。拿测光表的读数来确定所需的近似曝光时间，过后做一次曝光测试并记下世界时，以便采用插值从文件创建记录中找到随后图像的拍摄时间。做完这一切后，再对快门速度进行调整。

现在，耐心注视离机监视器中的成像区域，按需调整焦距，并回转望远镜以保持该区域在视场中心。每当视像变得稳定时，就按下快门拍摄数张照片，然后由相机的"最佳精选镜头"功能自动选择一组照片中最清晰的那张并保存下来。保持这样的拍摄状态，直至拍摄了大量的照片或特定的太阳事件结束。当完成拍摄后，断开相机和监视器的电源，随后把整个数码相机组件从聚焦器上移开。

用消费级数码相机来拍摄白光和单色的太阳图像，不失为一条能亲眼感受太阳之壮阔的捷径。与胶片相机相比，数码相机的明显优势在于成本的节约以及便捷的图像获取。然而缺点是，对于带有固定镜头的相机必须采用无焦摄影法，而这种技术会使光学系统受到目镜和相机镜头可能产生的相差的影响。

8.6 | 数码单反相机

把数码相机与单反相机合二为一，就可以得到一台数码单反相机（以下若无特殊说明，"单反"一词即为"数码单反相机"的意思）。在数码相机革命开始后不久，这种相机设计就出现在了市场上。使用单反的好处是其相机镜头可以取下，直接透过光学元件拍照。对摄影师而言，可更换的镜头意味着可以自由选择使用直接物镜法还是投影法进行拍摄。一般来说，单反的传感器会比数码相机的更大，因而有着更宽的成像视场。许多单反相机也有一个视频输出端口，可以连接外部监视器来对焦、取景以及研判视宁度条件。少数型号会有一个内置的放大功能，可以直接在小显示屏上实现准确的对焦。

大多数数码相机是通过一种叫作拜尔掩膜的技术来产生彩色照片的，在这种技术中，彩色滤光片阵列以红（R）、绿（G）、蓝（B）这样重复的模式嵌入到 CCD/CMOS 成像芯片中。由于我们的眼睛对绿色更为敏感，因此它在 RGB 模式中占据了主导地位。当相机进行黑白转换时，绿色像素也被选用来成像。因而，芯片中足足有一半的像素对绿色感光，而其余的红色和蓝色各占 25%。

对于白光太阳摄影来说，经过过滤后传入的光波通常是一个宽带，在一定程度上也包含了红绿蓝这三种颜色。很巧的是，许多观测者在白光下成像时，会使用一个窄带的绿色附加滤光片来突出光斑和太阳米粒组织，这就能利用上 RGB 传感器中大部分的像素。另一方面，用于 H-alpha 或 Ca-K 线摄影的相机在像素上会有所损失，因为太阳滤光片的透射非常有限，以至于红色或蓝色以外的像素几乎不受影响。从理论上讲，一个单色光摄影师只能利用数码相机 25% 的像素，而且一些像素阵列还存在着一种叫作渗漏的缺陷。

当某个通道的光线，无论是 R、G 还是 B，溢出到相邻的像素上并形成一个伪彩色图像时，就会发生渗漏。摄影师在处理图像时，如果灵活变通，反倒可以将其变废为宝，我们将在本章的后面对此进行阐释。实际上，H-alpha 或 Ca-K 线摄影师拍摄的最佳选择是使用单色相机（或者叫黑白相机），因为它能用上所有的像素来成像。

最后需要注意的是，为了给一般性的日间摄影进行准确的色彩匹配，传感器上配有一个由制造商放置的红外线（IR）截止滤光片。这种红外滤光片通常不具有能延伸到可见光波段的明显的透射截止。因此，包括 H-alpha 线在内的一些红光在传输到芯片上时可能会有些衰减。但高端的定制天文摄影相机则会去掉红外滤光片。在不考虑这些局限的情况下，商用单反在单色光和白光两种情形下所拍摄的太阳图像效果非常棒。

佳能和尼康这两个单反的制造商，一直深受天文摄影师的欢迎。在撰写本文的时候，佳能 D60 或 10D 以及尼康的 D 系列相机都适用于太阳摄影。然而，由于单反的产品线一直处于更新迭代的状态，所以，对特定型号产品的任何具体推荐，都会随时间推移而变得过时。相反，你应该自己去探索当下的机型系列，发掘哪些机型能满足太阳摄影的要求。现代的数码单反相机已经可以用于拍摄太阳、月球还有深空天体的壮观影像，同时也能胜任常规的日间摄影。

8.7 网络摄像头与数字成像仪

逐步进入人们视野的还有网络摄像头，这种成像设备最初是安装在家里或办公室电脑上的黑白视频会议摄像头。一些有想法的人开始拆解网络摄像头，弄出了一种轻量级、低分辨率的数字摄像机，用于对月球和行星的成像，且成本仅为专用天文 CCD 相机的零头。流行的网络摄像头型号包括飞利浦的 Vesta 和罗技的 Connectix。我会以 Connectix 为例来介绍网络摄像头成像，我已经把它拆解并重新组装进了一个铝罐式的机身中。令人惊讶的是，整个相机只有百十来克重，不到一块高端目镜的重量。将这台自制的成像器放入望远镜的聚焦器中，使用一台苹果电脑为它供电，我通过电脑操作相机的图像采集软件。

与之前的数码相机不同，使用网络摄像头时，对焦、取景图像或者监测视宁度都可以直接在电脑屏幕上完成，不过有一点是相同的，都需要用一个纸板箱遮罩住屏幕，并在其正面开个孔洞以便能查看屏幕内容。在简陋的黑白网络摄像头之后，就出现了更高质量的网络会议摄像头，它提供了更高的分辨率、更好的色深（区分色调差异的能力），甚至能拍摄全彩色的图像。天文设备制造商还开发出了一种类似于家用网络摄像头的产品，这是一种数字成像器，可以安装在望远镜上，通过笔记本电脑操作，能拍摄视频片段或单帧图片。

网络摄像头和商业数字成像仪是 CCD 天文摄影入门的一个绝佳的工具。而且相较于其他成像方式，它们更棒的点在于能够录制视频。基本没有刷新时间的实时图像显示是一个巨大的优势。

几个观测者可以围聚在一台笔记本电脑的屏幕旁边，同时见证着一个太阳事件。而这些相机在业余圈子里真正出彩的地方是在行星摄影领域，它能够捕获成百上千张独帧画面，之后通过特殊的编辑软件，只从中挑选出最清晰的图片，并将其合成为一张图片，这也正是太阳系成像仪成功的关键所在。

如你所见，网络摄像头除了在拍摄行星上大放异彩，它也适合某些类型的太阳摄影。网络摄像头或数字成像仪芯片的分辨率通常是 640×480 像素，而一些较大芯片尺寸的摄像头则具有1280×1024 像素的分辨率。无论怎么样，网络摄像头中芯片的物理尺寸通常都限制在 8~12 平方毫米左右。尽管这对行星摄影师来说无关紧要，因为他们的拍摄对象相对较小，很容易就能在这般大小的芯片上成像，但较大的太阳圆面却很难挤入这样的物理尺寸中。用网络摄像头制作一张高分辨率的太阳全盘照片，需要将许多图像拼接成一张全景照片。这有点像组装一个有许多方块的拼图。它是可以给太阳拍照，但还有很多工作需要做。那么昭然若揭，对于太阳天文学家来说，网络摄像机的价值就在于它能够对太阳的小块区域进行高分辨率的成像。

太阳观测者史蒂夫·里斯米勒（Steve Rismiller）抓拍到了白光和单色太阳图像，他使用了 Phillips Toucam Pro 网络摄像头，并搭配了一架 Vixen 102ED 望远镜。里斯米勒写道："我移除了Toucam 的镜头，并给它装配了一个直径 1.25 英寸的转换器。用一根 USB 线给摄像头供电，并通过它将 AVI 格式的视频传输到我的笔记本电脑上。因为我不喜欢坐在烈日下观察，所以我加长了 USB 线、电动对焦装置的连接线以及基架上微动装置的控制线。这样我就可以坐在阴凉处的'日光室'里，一边吹着吊扇，一边在四五米开外的地方遥控望远镜。此外，室内观测的另一个好处在于很容易就能看清电脑屏幕。"

为了捕获图像，里斯米勒使用了 K3CCD Tools 和 WcCtrl-WebCam Control Utility 这两个软件。诚然，一台相机可以使用预先安装好的软件，但专门为天文用途编写的专业软件同样很方便，也让图像采集更容易。Toucam 以 640×480 像素格式进行采集。首先，通过对屏幕上的图像进行数字放大来获得准确的焦点，并用肉眼做更细致的调整。其次，检查图像的直方图，根据直方图设定曝光，当直方图显示的像素分布在整个亮度范围内，并且没有在高光或阴影两端出现"剪切"现象时，就可以找到正确的曝光。最后，里斯米勒在 K3CCD Tools 视频软件中把连拍时间设置成 10 秒甚至更长，如此会生成一个包含约 145 幅图像的 AVI 文件。在一次观测过程中，会获得很多这样的原始 AVI 文件，然后再用 Registax 软件从每个文件中挑选出最佳的图像。

霍华德·埃斯基尔森（Howard Eskildsen）使用的是适用于太阳成像且能开箱即用的商用数字成像仪。埃斯基尔森的相机型号是 Orion StarShoot II，其传感器大小为 1280×1024 像素。他主要利用工作日的午休时间在汽车后备箱外或者家旁边的私人车道上观测，埃斯基尔森还为高分辨率太阳成像组建了一套快装快拆系统。

里斯米勒与埃斯基尔森两人摄影技术的关键点都是在相对较短的时间内捕捉大量的图像，随后选出那些最清晰的图像，并删除未保留的图像。埃斯基尔森通常以每秒 15 帧的速度拍摄 30~60 秒的照片。如果时间允许，他将以常见的 AVI 格式收集这些文件，用于将来的编辑。当谈及他的技术时，埃斯基尔森说："图像采集之后，紧接着就是把 AVI 文件按帧排列好进行图像编辑，并用 Registax 把这些照片做堆栈处理。一般而言，从 60 秒的文件中能挑选出 20~100 张可取的清晰照片，并对它们进行优化和堆栈处理。Registax 中的小波功能可用于锐化堆栈图像，我会试图在不产生人为修图痕迹的情况下最大限度地提高锐化程度，并且反复尝试各种参数设置，直至找到一个令我满意的效果。"最后，使用 Photoshop 对堆栈图像进行处理，调整好照片方向，即太阳的北在上、东在左，使用色阶调整功能对直方图做进一步调整，同时为了美观，对亮度、对比度和锐化也进行轻微调整，最终把照片呈现在众人眼前。

8.8 天文专用相机

对用于严肃目的太阳成像仪而言，有各种天文摄影的高端专用相机可供选择。这些相机从图像采集的角度可分为两个基本的类别，单帧图像采集或视频采集。有些型号的相机甚至能同时胜任这两项采集功能。高端产品提供的传感器通常都要比大多数商业数码相机或网络摄像头的尺寸更大，尽管一些高端相机的像素大小（以微米为单位）也许实际上只比低端产品的像素略大一点，但由于在芯片的宽度和高度上更胜一筹，因而放大的主焦像以及更大的视场是完全可能的。

严谨的观测者通常会使用单色相机作为自己的专用相机，换言之，他拍摄出来的是灰度图像。单色相机利用阵列中的所有像素来形成图像，而不像 RGB 芯片那样，需要依赖拜尔掩膜等技术来捕获颜色。也能用单色相机进行彩色摄影，具体是通过一个叫作三色成像的过程来完成的，用分色滤光片分别获得单独的照片，然后以数字的方式将这些单独的照片合并成一张彩色照片。

白光或单色太阳成像实际上是一个灰度化的过程，而彩色太阳摄影甚至只是一个运用图像处理进行的美化过程。当一个特征缩小至太阳望远镜的目镜中所看到的情形时，肉眼能感受到的 99% 的变化都来自光线的强度。这意味着什么呢？在 H-alpha 中，所有的光都呈现出红色，而在 Ca-K 中，所有的光都是蓝色的，至于在白光中，色调基本上都是单调平坦的，并且颜色一般都偏向主滤镜和附加滤镜所透射进来的颜色。不过，在太阳黑子本影中可见的任何颜色差异都是非常细微的，且在观测者的眼睛能够察觉的范围内。综上所述，对太阳观测来说，考虑到光线的明暗程度比颜色重要得多，因此，最好采用单色相机来拍摄太阳数字图像，因为通过拜尔掩膜等技术，传感器产生彩色图像的这道工序会降低芯片的有效分辨率。

高端相机往往对黑白之间色调变化的成像能力比较强。在一次曝光中可记录的色阶数量被称为传感器的比特深度[①]。这一特性之所以被称为比特深度，是因为每个像素实际上都是由一个"比特"或数字定义的纯色。数字图像在本质上是一个巨大的数字集合，称为电脑编码。在最简单的成像系统中，只有 1 或 0 这两个数字分配给一个色调，使其只能成像为纯黑色或纯白色，这种情况就叫作一位文件。稍微复杂一点的是两位系统，此时，有四种可能的颜色：白色、黑色，以及夹在它们之间的两种灰色变化。两位文件的电脑编码会包含 01、11、10 和 00 这四个值。

一幅灰度图需要有从黑色到白色之间近 250 个色阶，在人眼中看起来才会平滑连续，这样的图像也被称为连续调图像。一个八位系统的电脑编码有着很多 1 和 0 的组合，足以产生 256 种不同的黑白色调。你会发现，大多数数码相机使用的传感器能形成 8 位的灰度图像，而在 RGB 模式下能形成 24 位（3 通道 × 8 位）的彩色图像。在有些情况下，特别是在 H-alpha 成像方面，摄影师希望在一次曝光中同时记录下边缘的日珥以及日面上的细节。然而，由于日面的正确曝光时间比日珥的要短，因此无法同时从两者中充分捕获到细节。此时，就变为了一种非此即彼的情况。于是，这种特性，即记录在亮度上有着很大差异的细节的能力，

---

① 亦称"位深度""位深"，特别是在数字图像处理领域，还可以用"色深"来指代"位深"。

被称为动态范围。动态范围越大越好，虽然胶片在这方面往往占据优势，但不久的将来，技术的发展能让数码相机在动态范围方面取得显著的进步。回答之前那个问题，对于希望同时记录日面特征和边缘特征的太阳摄影师来讲，解决方案是将两张单独且正确曝光的图像组合成一张照片。

有的天文爱好者很想把相机的信号直接输入到便携式笔记本电脑上。如果你正打算购买一台相机，则要考虑一下这两个硬件之间的兼容性。需要解决的问题包括：笔记本电脑的内存和处理速度是否适合这台相机（内存越大越好，处理速度越快越好）？操作系统是否与相机的驱动程序以及采集软件兼容？还有，相机与电脑的连接性怎样（较新的相机使用 USB 2.0 或 FireWire 连接）？

资深的太阳摄影师格雷格·皮普尔对好几种类型的高端成像仪都有着丰富的经验。他的圣巴巴拉仪器集团（SBIG）制造的 ST-2000XM 型相机具有高动态范围、低噪点以及 200 万像素的成像参数，可以进行大范围、细致的拍摄。格雷格转述了他使用专用天文相机进行太阳成像的经验。

　　SBIG 的传感器不是一个能实时传输的 CCD，它需要大约 10 秒钟的时间来下载 2 兆字节大小的文件。首先，我会在相机控制软件的"对焦"模式下进行构图（获取焦点、方位和正确的曝光）。通常需要花费四五分钟才能臻于完美。每个初步构图镜头总共需要 15 秒（大约 5 秒用于拍摄，10 秒用于下载图像）。如果有必要，我会进行修改，再做一次曝光测试的拍摄，然后继续等待 15 秒。不断重复这样的构图过程，直到完美为止。然后，切换到"抓拍"模式，该模式用于捕获一个镜头。我将连续抓拍几次。稍等片刻，待视宁度稳定下来，再连续抓拍几次。我坐在一辆名为"太阳黑子"的小型便携式拖车里，用笔记本电脑进行观测，同时拉上窗帘以遮挡阳光。望远镜就放在拖车外面，望远镜的聚焦和回转都是通过远程遥控完成的。

非专业的视频采录也可以用高端的太阳相机来完成。相关产品的制造商包括 Lumenera Corporation、The Imaging Source 和 Adirondack Astronomy。如果相机能拍摄视频，则要考虑相机的帧率。摄像机每秒记录的帧数越多，那么捕捉到白天稳定视宁度条件下转瞬事件的概率就越大。经验丰富的摄影师表示，尽管较慢的速率也能有效地录制视频，但每秒 30~60 帧是一个非常好的帧率范围。格雷格指出，用他的 Lumenera 相机收集一段包含大约 100 帧独立图像的视频需要大约 10 秒钟的时间。假如降低视频采集的分辨率，则相机可以在每秒 200 帧的最高速度下工作。但如果使用的是全分辨率，帧率只能限制在每秒 15 帧，然而这个帧率也足以快到捕捉稳定视宁度下的瞬间画面。传感器的噪点特性越低，图像看起来就越平滑。虽然高增益的设置增加了芯片的灵敏度，但也提高了噪点水平。为节省存储空间而压缩文件的视频，相机也会引入少量的噪点，产生较低质量的输出。因此，低压缩或无压缩的文件是保存单幅图像或视频片段的不二之选。通常用一个标准 C 型螺纹接合器完成该类型的相机与望远镜聚焦器的连接，而接合器可从大多数相机供应商那儿获得。

8.9 图像处理

也许在不久前，一位摄影爱好者拍摄了一卷胶片，然后兴冲冲地去当地的照相馆里冲洗和打印。几天之后，摄影师还可以再次去那里，因为照相馆里会留有照片与底片供他再次查看。

而如今，情况已截然不同。在家庭摄影方面，数码相机已经为新手打开了一扇大门。一位普通的摄影师可以直接从数码相机里将照片下载到台式打印机中，并在几分钟内得到一张用于研究和分享的硬拷贝照片。此外，调整照片整体外观与比例的选项，为摄影师创造了更多的可能性。通过将原始图像文件导入到装有图像编辑软件的计算机上，便可执行这些选项。对图像文件的处理或编辑包括旋转和裁剪图像，或对直方图、对比度以及亮度进行调整，甚至可以提高清晰度，或减少图像中的噪点。通过采用一种叫作堆栈的技术，把几十至几百个单独的画面放在另一个画面之上，从而显示更多的细节。计算机还能将几张相邻的图像拼接在一起，形成一张全景图像，或者可以在之前没有颜色的位置上色，让一张单调的黑白图像变得充满活力、色彩丰富。

要始终在图像的副本上进行编辑，因为一旦将更改的内容保存到文件里，就无法恢复至原始的图像。但是，要注意避免过度处理图像。对编辑功能的热衷可能会产生人为的处理痕迹，或者会给图像增加根本不存在的细节。加强难以看见的内容是可以接受的，但如果编造不存在的特征以及无原则地编辑处理，则是一种弄虚作假的行为。

尽管暗房有逐步消失的趋势，但胶片的铁杆爱好者也不必放弃胶片。通过拥抱"数字暗房",胶片摄影师可以做到"两全其美"。这是什么意思呢？因为底片和透明胶片能够导入到计算机的硬件当中，然后像从数码相机里直接拷贝图像那样，对照片进行编辑。数字化后的胶片图像同样能打印成硬拷贝的格式，类似于传统的摄影印刷品，或者以数字文件的形式显示在屏幕上。

摄影胶片是一种模拟技术，也就是说，光子是通过化学过程以直接或线性方式被记录下来的。数码摄影则捕捉光子并将其记录为二进制的数据。胶片摄影师可以通过使用一种叫作扫描仪的外围设备将模拟信息转换为数字数据。

由于胶片摄影过程中存在复制上的局限，因此最好的转换方法是扫描原始底片或透明正片，而不是二次印刷的照片。与原始胶片相比，硬拷贝的图像在亮度范围上有所缩减。底片中的一些信息会在印刷过程中丢失，且无法恢复。胶片扫描的分辨率要更高（能与数码相机的输出分辨率相当），每个颜色通道的色深至少为 8 比特。因为胶片图像的动态范围通常比单次扫描所能记录的要大，所以可能需要在一个设置下扫描某些特征，在另一个设置下扫描看起来较弱的特征，然后用数字的方式将两个影像结合起来，形成一张图像。

文件格式

文件格式本质上是数字文件中对文字和插图的排列，可以把文件格式描述为"一个文件如何被保存"。一些图像格式的文件很大，占了许多兆字节，而其他的一些格式使用了压缩的方式来减少文件的大小。有时一种文件格式只能在某个特定的软件中打开，而另一种格式，例如 JPEG，几乎与所有的图像应用程序以及计算机平台兼容。在静态图像的许多可用格式中，最常用于创建和编辑图像的格式有三种，它们分别是 Raw、TIFF 和 JPEG。每种格式在成像过程中都有着各自明显的优势和用途。

原始图像文件（Raw）是制造商的专有格式。以原始格式保存文件是为了记录图像，而无须内建的软件效果来调整相机传感器的数据。原始文件包含的信息要比其他格式的文件多几倍，因为它们几乎没有压缩。很少或没有压缩意味着很少或没有数据被丢弃。在过去，处理原始文件是很困难的，因为不是所有的照片编辑软件都能打开它。这种情况的解决办法是将原始文件转换为不同的文件格式，使之与你的编辑软件兼容。如今，有许多照片编辑软件都能处理原始文件。如果你想使用专有格式，一定要确保你有这些软件的其中一个版本。其他格式生成的文件是典型的8 比特深度，而原始文件中的像素相较于它们具有更多的比特深度。采用了 12~14 位色深的文件意味着图像会呈现出更精细的色调层次以及更多的细节。

尽管在纯粹主义者看来，Raw 是保存图像的理想格式，但它也有一些缺点。文件大小限制了相机存储器中所能保存的照片数量。请记住，对于太阳摄影，图像越多越好。但并非每个相机都能以原始格式保存图像，因此在某些情况下甚至无法考虑该格式。原始文件的写入时间也会比其他压缩格式长，因此很难快速连续拍摄图像。同时，专有格式至今尚未标准化，在当下能很好使用原始格式进行图像编辑的软件，可能在 5 到 10 年后就无法使用了，更别提格式本身了。这种情况下，就需要拿另一种格式来存储原始文件以供未来使用。正如你所看到的，在使用专有图像格式时有很多的利弊权衡，但假若你正在寻找一个能最大保留数据且有着最少人为干预的文件格式，那么原始格式就很适合。

标记图像文件格式，或缩写为 TIFF，是在计算机上编辑黑白或彩色图像的最流行的格式。几乎所有的图形处理程序和扫描仪都支持 TIFF，这使得 TIFF 文件与原始文件相比具有明显的优势。与原始文件一样，TIFF 也需要大量的存储空间。这意味着，与其他压缩格式相比，TIFF 的下载时间也会很长。TIFF 除了对大多数编辑程序兼容以外，还凭借所谓的无损格式保存数据的能力成为照片存档的最佳选择。无损文件是指那些可以操作和重新保存却不产生数据损失的文件。数据的删减通常就发生在文件的压缩过程中，但无损是一个用于减少存储空间却不会丢失信息的压缩过程。如果需要，可以选择使用 LZW（一种无损压缩算法）将 TIFF 文件压缩成无损格式。

JPEG 是数字静态图像的全能格式。作为联合图像专家组（Joint Photographic Experts Group）的缩写，JPEG 是一种通用格式，几乎所有的计算机和照片编辑软件都能识别。尽管 JPEG 文件比 Raw 或 TIFF 文件要小，却可以表现出很高的图片质量。不是所有的数码相机都以 Raw 或 TIFF 格式保存图片，然而所有的相机都能以 JPEG 格式保存图片。互联网网页中包含的图像是 JPEG 格式，通过电子邮件与朋友分享的照片通常也是 JPEG 格式的。

任何通过压缩丢弃信息来减少文件大小的格式都被称为有损格式，JPEG 文件就属于这一类。压缩的越多，文件就越小，相应地，其图片质量受到的影响就越大。来自相机的原始图像，特别是只有轻微压缩的图像，看起来非常清晰，但每次打开、修改和重新保存为 JPEG 文件都会使其丢弃更多的信息。这是一种累积效应，当使用高压缩级别时，这种效应会更加强烈。在重新保存文件时，选择一个较低级别的压缩设置可以让数据损失最小化。

许多摄影师抓住了数据丢失的解决方案，即以无损格式（如TIFF）进行整个图像编辑，然后保存成 JPEG 文件在互联网或电子邮件上使用。编辑好的 TIFF 文件将被存档，以便将来产生更多的 JPEG 副本，而采用什么样的 JPEG 压缩量由图像的预期用途决定。用于搭建网页的图像可进行高度压缩，因为可以牺牲图像质量来换取更快的网页加载速度。然而，对于国家观测组织存档的巡天照片则要求最高质量，因此只需对图像进行轻微压缩。

　　一言以蔽之，用数码相机获得的最初图像可以保存为 Raw、TIFF 或 JPEG 格式。原始文件和 TIFF 文件的质量较高，但文件的大小是这些格式的绊脚石。低压缩率的 JPEG 也可以作为原始文件，实际中，如果要快速连续地获得图像，就必须使用 JPEG 格式的文件。一定要始终以无损格式编辑原始图像的副本，比如 TIFF 这一无损格式。将编辑好的无损图像存档，并将所有文件以 JPEG 格式输出，而压缩系数从低到高该如何设置，则取决于文件的预期用途。

图像编辑软件

　　还记得在印刷过程中，编辑照片时"加深与减淡"的经历吗？或是当印刷品静卧在显影盘中时，用手指轻轻擦拭上面的某块区域，摩擦会使该区域升温并加速化学反应，从而能把一个较暗的黑子凸显出来。在那时，修饰笔还是一种很方便的配件，能够用于去除灰尘斑点，或在模糊的明暗部分之间勾勒出一条人为的清晰边界。

　　如今，当润饰一张照片时，只需按下键盘或者点击鼠标，就能完成这些印刷过程中编辑照片的操作，以及诸多过去无法做到的其他功能。当前大多数的照片编辑软件都能与多个计算机操作系统兼容。它们大多都提供了亮度调整和图片裁剪的功能，还有一些程序能够完全控制图像或者具有一些独占的功能。对于一位高级摄影师来说，在一个程序中执行一些操作，并接着在另一个程序完成最终的图像处理算得上是很常见了。

　　告诉你使用"某某软件"，然后手把手地教你怎么编辑处理图像,将会限制本书的实用性。这里面有多个方面的原因。首先，审美一直以来都是非常主观的话题，同一张图一个人觉得赏心悦目，而另一个人却会对其嗤之以鼻。其次，"边学边做"的方法实际上才是最好的。授人以鱼不如授人以渔,与其"手把手教"，不如为大家提供一些基础知识，而后指引着大家找到自己的方式。除此以外，对于同一个任务，软件一定会提供多种实现的方式，能让不同的用户展开各自的想法。最后，市场上有着大量专注于软件操作的书籍，这就为我们提供了远比此书更为广阔的学习空间。

　　而且还有一个问题，长江后浪推前浪，软件的修正和更新一直在不断进行着。就比如我开始使用数字图像时，Adobe 的 Photoshop 3 是当时最新的版本，但如今至少已经有六个更新后的版本了。

　　不管怎样，此书将会介绍一些基础知识，同时也为数码摄影者敞开大门，去追寻自己的道路。而且当下有了软件的加持，人们在学习摄影的道路上更是如虎添翼。像 Maxim DL、ImagesPlus、Adobe Photoshop 以及 Registax，这些高级编辑软件都是太阳摄影的最佳拍档。

显示器校正

数字媒体里，"所见即所得"曾一度非常流行。特别是对图像而言，"所见即所得"这句话非常贴切。当然，除非你的显示器或其他外围设备没有经过任何校准。校准指的是对观看设备或输出设备的调整，以获得一个统一的标准。它可以保证在你的电脑屏幕上所看到的图像，能够以相同的方式在另一台同样经过适当校准的电脑上呈现出来。如果你输出的是硬拷贝图像，则需要同时校准打印机和显示器，以确保最终结果与屏幕上看到的一致。大多数计算机都包含软件，能够让用户对亮度、对比度和颜色进行必要的校准调整。

虽然校准并不是一项烦琐的工作，但不能保证每个人的设备都能达到标准。为了帮助其他观测者看到太阳的图像，可以在最终的图像里面嵌入一个多阶灰度条，以方便其他观测者至少能通过调整显示器的亮度，来看清楚所有的灰阶。显示器如果设置得太暗，则会失去阴影的细节，图像显得浑浊灰暗；而设置得太亮，图像就会变得苍白且褪色。选择一条从纯白到纯黑、有着 17 个梯度变化的色带，嵌入到图像之中。类似的灰度条可以从许多专门用于校准的网站上下载，或者也可以用 Photoshop 在 5 分钟以内制作一个。

图像旋转与裁剪

太阳巡视图像的正确方向是太阳的北侧在上，东侧在左。但有些观测者不希望搞得那么麻烦，他们满足于让天球的北侧在上，东侧在左，大致上与太阳在天空中的外观一样就行。无论如何，重要的是，在确定图像的方向时要确立一个包含一致性的计划。该计划可以使用第四章中提及的技术，将原始图像文件在天球基向上进行调整。用每天的 P 值调整太阳的东西倾斜，从而让太阳北极在垂直方向上。你兴许会发现只有先将图像水平或垂直地"翻转"，才能实现这个北和东的方位。这就是为什么在望远镜前画个草图，确认一下太阳的方向，是个不错的想法。因为在最终处理图像之前，可能还有好几天，在这期间我们很容易就忘掉了巡视太阳时的方向。

大多数照片编辑程序的旋转工具允许以非整数的角度去调整图像，从而对最终的输出图像进行非常精细的控制。然而，重要的是在一开始就要获悉一张图像正确的旋转量，因为每一次旋转工具的额外微调，都可能由于插值计算所带来的数据丢失而降低最终图像的质量。因此，使用旋转工具进行调整的次数越少越好。

对于裁剪功能，它就像操作电脑的人手里的一把剪刀，可以把一张过大的图像修剪得小些。裁剪的另一种应用场景是，图像在旋转后看起来是歪的，并且角落附近的画面上露出了多余的空白部分。此时，就可以用裁剪工具将图像修剪成正方形或长方形，让其看起来更加整洁。

一些裁剪软件还结合了重采样的选项，其中包括了图像高度和宽度的缩放。当图像中的像素数目发生变化而图像的尺寸保持不变时，就会进行重采样，反之亦然。重采样有两种类型：下采样和上采样。以 72 点／英寸的 4 平方英寸图像为例，如果将其改为 72 点／英寸的 2 平方英寸，就是下采样。为了保持相同的每英寸点数的分辨率，必须从文件中丢弃一部分信息，使其在物理尺寸上变小。是否采用下采样，则取决于文件的预期用途。那丢失一些信息是否要紧呢？当创建一张小尺寸的图片作为网页上的缩略图时，那么丢失一些信息无关紧要。但如果一张图片是要与其他十几张图片拼接，来构建出一张大型太阳黑子群的高分辨率全景照片时，答案则是肯定的。在这种情况下，有必要保留原始文件中的所有信息。

上采样正好与下采样相反，是把 72 点／英寸的 2 平方英寸图像，转为 72 点／英寸的 4 平方英寸新图像文件。像素通过插值新添到图像中，而这些多出的像素是根据其周围像素的特性以数学方式创建的，并不代表真实的细节。从科学角度上来看，这是不可取的，因为这一编辑操作本质上是无中生有的过程。所以，应该避免对图像进行上采样，同时仅在必要时使用下采样，来创建符合输出要求的可用文件。

直方图

直方图是一种指示图，它能告诉编辑者图像中不同亮度水平下的像素数量。一张好的灰度图往往包含了从黑到白整个宽泛范围与数量的像素。而质量较差的灰度图只有较小的范围，相应的图像看起来也会单调、灰暗且相当阴沉。如果显示的像素在直方图的两端十分尖锐，并填满了直方图刻度中纯白或纯黑的区域，则直方图就被"剪切"了。直方图的剪切通常发生在图像过曝或是曝光不足时，调整曝光能够修正这种情况，当然，除非图像的大部分实际上就是纯白或者纯黑色。

太阳特征往往对比度较低，因此，一些图像的直方图可能会出现类似于图 8.1 中的情况。左侧图像里的显示框展现了大约 90 个灰阶的亮度范围，图像中的光球层单调、朦胧。为了改善这种状况，右侧图像已经使用调整滑块功能拉长了直方图，达到了

250 个灰阶。此时，上方黑子中的独特亮桥十分显眼，并且围绕着该黑子群的光斑也变得越来越清晰可见。而梳状的直方图，是对范围狭窄的压缩原件进行拉伸后的结果，但与整个色调范围相比，仍旧有一定的差距。右侧的光球图像并不是真正的平滑渐变，而是在整个亮度范围内缺少了像素数据得到的。尽管图像编辑者无法为单张图像填补缺失的数据，但从美学角度说，只要结果令人满意，而且人为痕迹有限，便可欣然接受。

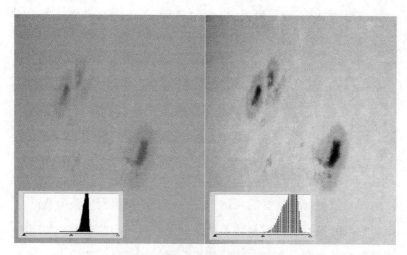

图 8.1　拉伸灰度图像的直方图

通过调整亮度和对比度能够改善图像的整体外观，但重要的是要了解这些功能是如何影响直方图的。亮度功能对图像所有像素的影响是等同的，或者说是线性的。增加亮度会使整个直方图向高光部分移动，远离阴影部分。当亮度增加到一定程度，图像的亮部就会发生裁剪现象，而相应地，高光部分的数据就会丢失。假如把图像变暗，亦是如此，直方图会向阴影部分偏移，当移动得足够多时，阴影的细节就会被裁剪掉。至于对比度，增加可以拉伸图像的直方图，减少则可以压缩直方图。倘若一幅图像已经校正到能显示全部范围的色调，那么任何调整对比度的操作，都会移除直方图中高光和阴影这两端中的数据。因此，在大多数情况下，谨慎使用亮度和对比度控件，以非线性的方式调整直方图（移动直方图滑块），才是最适合色调校正的。

图像锐化

照片质量是一个主观特征，通常由图像的清晰度或锐度决定。模糊、虚化的特征边缘会给照片带来朦胧、不真实的质感。我们在本章的前面提到过，胶片印刷中会使用修饰笔人为地在照片里模糊的明暗区域之间勾画出一条硬朗的边线。类似的效果也可以通过图像编辑软件中的锐化功能在数字图像上实现。

锐化不是解决图像模糊的万能药，锐化仅仅是一种校正模拟图像的方法，并且这些模拟图像在转换为数字格式时，还会丢失一些清晰度。此外，对于图像打印成硬拷贝形式或重采样时所产生的清晰度损失，锐化同样能够校正。无论如何，当原始图像的线条较柔和时，最常用的就是锐化。如果应用得当，这个方法会非常有效。然而，当一张照片被过度锐化时，人为痕迹会变得很明显，噪点被放大，图像呈现出背离实际的质感。锐化是通过提高某些相邻像素之间的对比度来实现的，此外，锐化还会勾勒出硬朗的特征边缘并营造出图像所缺乏的张力。用你的照片编辑软件尝试一下锐化的设置，你会发现每张图片对锐化效果的宽容度都不同。

为了减少锐化后照片中的噪点，在开始编辑时，尽可能将两张或多张拍摄时间相近、质量相同的照片进行分层放置，这对噪点的去除是很有利的。分层图像可以去除像素中的噪点，提高对比度，并略微增加细节。但堆叠大量太阳照片的困难在于，由于视宁度条件不一致，帧与帧之间的图像很难保证统一。此外，白天的天空并不像我们看上去的那样是完整的一片，而是由许多视宁度良好、清晰可见的单元组成，但这些单元还没有相机整体视场中的一小部分大。因而一幅图像会包含一些焦点清晰的区域，而其他的部分却很模糊。紧接着下一张图像里焦点清晰与模糊的区域可能又有所不同。所以，假如一系列图像的质量相似，那么分层或堆栈是最有效的。并且这项技术完全是可行的，一些太阳观测者已经证明了图像堆栈带来的积极效果，但同样，这种技术仍旧受限于视宁度条件。

文件保存

一旦图像编辑好，令自己十分满意，此时就应该将文件保存为无损格式，比如 TIFF 格式。为了完成整个编辑过程，与文件有关的信息将作为文本嵌入到图像中。这通常是通过在图像底部添加带有宽标签的边框来完成的，然后从准备好的模板中，在标签内粘贴必要的数据。这些数据应当包括活动区编号、位置角（如果是边缘特征的话）、日期、时间、视宁度、透明度、用于获取图像的仪器及观测者的身份。最后，再把校准灰度条和方向指示粘贴到文件当中。文件的命名方式由图像编辑者自己决定，但最好起一个能反映图像拍摄日期和世界时的文件名，因为这在存档时很有帮助。例如，20070815.1715.jpg 就表示该图像拍摄于 2007 年 8 月 15 日，世界时 17:15。

出于存档的目的，可以创建一个文件夹，其名称能反映存储在

其中的图像的年 / 月 / 日。这个文件夹可以包含任何以原始格式存档的初始文件，以及以无损格式编辑过的文件。假如图像要在互联网上传播或是通过电子邮件分享给朋友，则需要从编辑过的文件中创建 JPEG 格式的副本。最后，把相册全部存储在计算机硬盘上存在着一定的风险，为了防止因为硬盘崩溃而丢失数据，要养成在外部媒介上备份所有图像副本的习惯，像是 DVD、CD 或者优盘都行。

颜色通道

一些单色特征的亮度范围很广，例如日面中的暗条与边缘上的日珥，它们都需要两次曝光设置。然而，对于产生 RGB 文件的 H-alpha 成像仪来说，存在着一种很有意思的技术，可以在一次曝光中同时捕捉到明亮的日面细节和微暗的日珥细节。

在前面，我们讨论过拜尔掩膜，以及数字传感器是如何在像素阵列中使用红、绿和蓝三个滤光片生成一张彩色照片的。因为 H-alpha 光属于纯红色光，无法有带外的颜色透射，因此能够预料到的是一台 RGB 数码相机只能用红色通道来记录 H-alpha 光。然而，很多时候情况并非如此，因为相机传感器存在着一个叫作渗漏的缺陷，此时，来自某个通道的光（在本例中为红色通道）会溢出到邻近的像素上，而后形成一张伪彩色图像。

在照片编辑软件中打开显示所有三个通道的一张窄带 H-alpha 日珥图像。如果相机有渗漏现象，会发现在每个 RGB 色彩空间中都会看到一张太阳图像。每个颜色通道下图像之间的区别会是曝光过度或不足以及可见细节数量上的差异。根据曝光的不同，一个通道（红色）的照片可能会出现过曝甚至被洗掉的情况，除了边缘日珥能最大限度地显示细节。而另一个通道（绿色或蓝色）则可能包含大量的日面细节，却没有可见的边缘特征。最后剩下的第三个通道或许会曝光不足。摄影师要找到一个曝光时间，能够在两个不同的通道中同时记录日珥和日面的细节。

由于天空条件的限制，通常的做法是在不同的设置下拍摄大量包围式曝光①的照片，然后在图像编辑过程中挑选出最好的。这些不同曝光下的照片中至少有几张能达到上述的标准。熟能生巧，经验越丰富，就越能找到最理想的曝光设置，而且包围式曝光的拍摄量也会随之减少。此外，由于绿色通道占据了更多的像素，将会是三个颜色通道中最能抓住日面细节的。

选择一个要处理的 RGB 文件，然后使用编辑软件按通道将其分为三个单独的灰度文件。以无损格式保存选定的日珥和日面通道图像，并关闭原始的 RGB 图像。现在使用编辑功能增强日珥通道和日面通道的细节，注意，此时不要重新缩放图像或对像素重新采样。编辑后，同样将这些文件以无损失格式保存，然后进行合成，具体做法是将细致的日面图像粘贴在含有清晰日珥与过曝日面的图像上。最终的结果会是一张同时捕捉到了暗淡和明亮的太阳特征的灰度图片，到了这一步，出于审美而非观测的目的，许多摄影师都会给图像上色，同时也会将图像缩放至所需的尺寸。

着　色

截至目前，人们已经明确认识到，有效的太阳摄影都是采用灰度图的格式完成的。我们生活在一个五彩缤纷的世界里，

---

① 亦称多级增减曝光，指通过不同的曝光组合连续拍摄多张照片。

而黑白图像则会让人回想起 21 世纪之前的那个浪漫时代。由于单色图像提供了可测量的数据，从科学角度来看，它是完全可以接受的。不过，给单色图点缀些颜色，不仅能帮助科普太阳，引起大家对太阳的兴趣，还能更好地与朋友们分享观测太阳的经历。

照片编辑软件通常包含了给图像人工上色的功能。虽然每个程序之间的工作方式略有差别，但最终的效果都大同小异。给图像上色的首选软件是 Adobe 的 Photoshop（简称 PS）。所有上色程序的第一个步骤都是打开灰度文件并将其转换为 RGB。在 PS 中，有几种方法可以实现彩色图像。我通常会选择色相/饱和度功能，通过滑块进行实验，直到找出抓人眼球的参数组合。要避免使用调整图像亮度的功能，因为该功能会将直方图向高光或阴影部分移动，从而导致细节丢失。在给图像上色时，不要过度处理图像，否则阴影区域可能会因添加了颜色而变得浑浊。有时，还可以使用双色调模式给图像上色，这能够对每个颜色通道的曲线（直方图）进行关键控制，同时也可以在高光部分表现一点额外的画面活力。当达到所需的双色效果时，把图像转换为 RGB 并以无损格式保存。为图像添加颜色并没有一个绝对正确的方法，这是一个很主观的过程，最终的结果令自己满意，才是最重要的。

等照度图

在第五章中，我们概述了一种通过构建所谓的等照度图来探索太阳黑子本影及其周围区域的技术。等照度图是一种灰度图或彩色图，它描述了图像中相近照度的水平。太阳黑子本影并不是肉眼所见的那种均匀黑体，而是蕴含了强大磁力的团块和点，这些团块和点比它们周围的本影和光球区域更能抑制对流。本影内这种细微的色调变化在视觉上是很难感知到的，但在视宁度不错的情况下，可以很清楚地拍摄出来。如今，依托照片编辑软件和数字图像，就能绘制这些区域，为大家所知。至于其他微弱的白光特征，如内亮环、外亮环和亮桥，也可以通过这个方法得到增强。

虽然较深的本影图像更适合于本影核的研究，但正常曝光下的太阳黑子也会产生很有意思的结果。为了区分图像中的照度水平，编辑软件必须能够分离出具有相同值或相似值的像素点。尽管并非所有的程序都可以实现这项功能，但在网上有一款适用于苹果电脑和 Windows 平台的免费软件：http://rsb.info.nih.gov/nih-image/，它对于等照度图的创建可谓是手到擒来。这个应用程序是为苹果电脑编写的，叫作 NIH-Image；而使用 Windows 系统的观测者则应该下载对应的 ImageJ 软件①。除此以外，该免费网站还提供了大量的样本数据和指导材料。

NIH-Image 程序里有一个允许用户创建照片密度切片的功能。激活"LUT"（查找表）工具，确定切片密度的上下限值，以及它在 256 级灰度范围内的位置。启用切片后，密度范围内的所有像素都以红色高亮显示，而背景像素保持不变。在屏幕上，从 256 级中选出大约 15~20 级的中等密度作为切片的开始，并且每当在整个灰度范围内进行调整选择时，就保存每个相应切片的屏幕截图。这一张张的截图可以导入到动画软件中，制作成一段令人印象深刻的视频，进而描绘出太阳黑子内部密度的连续流动。这种流动反映了太阳黑子亮度和温度的变化。然而，要创建一幅等照度图，需要将屏幕截图组合或分层叠放成一张平面图，

---

① NIH-Image 已不再更新，取而代之的是 ImageJ，且 ImageJ 支持 Mac、Windows 和 Linux 三个平台，网站链接：https://imagej.nih.gov/ij/index.html。

我们可以使用 PS 的复制与粘贴方法来构建出这种图。

这类工作最吸引人的结果之一就是，证明了本影内存在核心区域。而核心的直径通常只有几角秒，温度要比周围本影低500 度。

等照度图是一个强有力的工具，能够用来阐明人们通常会忽视的太阳黑子特征。与此同时，家用电脑和免费在线软件的普及，使得普通的太阳观测者不费吹灰之力便可以使用这一方法。通过利用这种技术，大家很容易就能对太阳的运行原理及其伴随的现象有了更为深入的了解。

延时摄影

或许对于一位影像创作者来说，最兴奋的莫过于制作描绘太阳形态的动画或视频了。视频剪辑可以加快太阳活动的速度，在某些情况下甚至可以加快数百倍，能让观众更加清楚地看到太阳上发生的活动。把在整个太阳活动期间拍摄的各张图像按时间顺序组合起来，使用一台录像机，便能够创作出一段这样的视频。

其中一个可能的视频创作主题是太阳黑子群的诞生，视频可以记录黑子群从太阳东边的一个活跃区里出现，并于未来两周内逐步演化，穿越整个太阳圆面的过程。而其他的创作主题可以是对 H-alpha 或白光耀斑的突然出现和徐缓消逝进行记录，当然还可以拍摄壮观的日珥活动。

要想在上述提到的任何一项活动里取得成功，创作者都需要以下三点：周密的计划、足够的热情以及一点点运气。

提前做好拍摄成像的规划准备。在正式拍摄时，不应当手忙脚乱，还在尝试设置曝光、新的滤光片等。此外，还应该熟练使用设备，能对自己的拍摄有一个明确的心理预期。当打算把一系列图像转换为视频片段时，应当做的第一件事便是拟定一个时间线，规划好打算何时拍摄这些图片。对于像爆发日珥这样的事件，可能需要在时间线上的每个点拍摄若干帧图像（以期捕捉到更好的视觉效果）。准备好计时器，这样就不必揣测下一张照片的拍摄时间了。随着太阳事件的发展，检查时间线上每段时间内所完成的成像。尽管当望远镜内出现了一个意想不到的瞬时事件时，不得不随机应变，但一个持续时间较长的事件还是可以未雨绸缪，提前考虑好的。

坦白说，拍摄壮观的太阳活动视频非常重要的一点是在对的时间与对的地点。专业的天文学家可能会拿出一整天的时间进行太阳观测项目，与他们不同的是，业余爱好者通常只能局限于闲暇时间，有时只能在周末观测。然而，长期或短期的观测都离不开天气的配合，没有什么比在耀斑达到活跃巅峰时被遮住更令人沮丧的了，最惨的是观测者还在为与之相关的视频创作拍摄照片。因此，这方面的成功总归要靠一点点的好运。

这些项目通常需要投入 30 分钟到几周的时间。对于耀斑和日珥爆发这类相对短暂的事件，每隔 15~60 秒就要拍摄一次图像，如此快速活动的特征一般最多持续 30 分钟到几个小时。然而，对于记录一个太阳黑子群在日面上行进的过程，却需要花费大约两周的时间。不过，用一个视频片段就可以很容易地描述这一过程，而且只需要每天拍几张照片。一个流畅且几乎没有抖动的视频，需要在事件的持续时间内保证获得邻近且等距的图像，一旦有图像缺失，视频就会产生漏洞或空隙，从而导致最终的视频画面看起来很抖。

需要十几幅还是几百幅编辑好的照片，取决于事件的持续时间和想要制作的视频的流畅程度。剪辑阶段最耗时的部分是从收集的图片里选择哪些照片放入视频当中。记住，在时间线上的每一段，都必须至少拍摄几张照片，目的是捕捉到最佳的视觉效果。每一帧图像的像素数越大，最终视频文件的体积就越大。因此，要考虑到视频的用途。如果你打算用电子邮件发给你的朋友，2兆字节或 3 兆字节可能是比较理想的文件大小。必要时，裁剪掉不需要的图像，或者将每个图像重采样到较低的分辨率。理想情况下，视频里最终的每张图像最好有着相同的比例、分辨率、方向和质量。按数字顺序为文件命名，这样将它们导入动画软件时，能保持正确的先后顺序。目前有许多软件可进行动画合成，与 Adobe Photoshop 捆绑销售的 ImageReady 软件就很适合这样的视频项目。观测者的实验将最终决定视频的理想时长，以及帧与帧之间实现最佳时间压缩所需的淡入 / 淡出量。

最后一点建议：在视频开头创建一个标题页，并且在实际开始播放之前，停留几秒显示这张标题页。标题页应该告知观众视频的主要内容以及制作详情。这能很好地与观众互动，并且将观测数据融入视频当中，让其更具存档的价值。

第九章

何去何从？

独乐乐不如众乐乐，当一位天文爱好者独自探索太阳天文学时，是一次非常充实的体验，可一旦与志同道合的人分享时，这种体验感便会加倍，所有参与者都能受益匪浅。或许对我来说，与其他对太阳好奇的三五好友一起聚在望远镜旁，是观测太阳期间最美好的时光，他们当中有和我一样资深的太阳爱好者，一边闲聊，一边指认日面中的耀斑或是太阳边缘上的日珥。当然，他们中也有一些新手，甚至不知道如何安全地观测太阳，只是听闻了一些太阳固有的危险。

如果你发现自己在这条爱好的道路上形单影只，却渴望与更多人并肩而行，那么就从当地的俱乐部或天文协会中寻找其他天文爱好者开始吧。许多城市都至少有一个定期集聚的团体，每月举行观测聚会，同时也会欢迎新的爱好者加入行列。每个团体中往往都有一两个人在培养类似的太阳天文学兴趣，然后就与团体中的其他人建立起了友谊，而你和你的新朋友又可以成为彼此以及俱乐部其他成员知识与灵感的来源。由于像天文日①这样的公共活动通常在白天举行，而此时太阳是天空中唯一可见的天体，那么与天文日相关的庆祝活动自然依赖你的专业知识，你也能发挥所长。此外，地方社团的成员资格一般都是终身保留的。

有几个国家和国际组织专门负责太阳观测（见本书的附录）并协调业余的太阳观测。通过这些组织以及他们举行的年会，可

---

① 天文日起源于美国，每年的 10 月 30 日是中国的天文日。

以与其他成员建立起友好的关系。不过，在如今的技术条件下，一个国家团体的成员之间大多是通过电子邮件进行交流的。一些组织还维护着网络留言板，世界各地的成员能够在上面发布问题与答案，或者为特定主题的对话提供交流平台。一些更大团体的主要目的是为业余的太阳观测提供存储空间，从而将大家的观测结果分享给专业天文学家。打个比方，国际月球和行星观测者协会的太阳部每月都会收到几十张图片并将其存档，这些图像展现了数十名太阳观测者在世界各地进行的白光观测与单色观测。这些观测数据可以在该组织的网站上在线查阅，其他团体组织也提供与之类似的服务。除此以外，美国变星观测者协会太阳部每个月将来自世界各地观测者统计的每日太阳黑子数信息制作成表格；英国天文协会的太阳部收集着大西洋彼岸天文学家的太阳观测结果。所有这些团体组织都在协调着业余活动，旨在促进天文学的发展，展开大众科普教育，并且为感兴趣的研究人员提供数据，无论他们专业与否。而当你成为这样真诚而又专注的观测者团体中的一员时，你就切切实实地对太阳的认知做出了贡献，同时也为自身对于科学的追求打开了一扇意义非凡的大门。假若你真心对待太阳观测，就去联系一个你所感兴趣的组织，并积极地参与其中吧！

许多独立的太阳观测爱好者都有一个专注于自身爱好的个人网站，这些网站可能会包含观测者使用的设备信息，日常观测中所运用到的技术的详细指导，有关太阳和观测的信息，以及通常还会设有一个图库，来"秀"一下自己的专业水平。有一位观测者甚至弄了一个版块，专门介绍以往商业观测太阳设备的印刷广告，提供了一趟感触深刻的回忆旅行。

只需建站软件，以及租借一台服务器，就能设计属于自己的网站。然而，在考虑搭建网页时，想想目的是什么，是为了给那些访问者提供太阳天文学里某一方面的教育指导，还是希望他们只关注你爱好的细节？无论出于什么目的，一定要在最开始定下基调，并在设计时牢牢记住。另外，需保持网站的更新，几年前老掉牙的内容会让访问者提不起来兴趣，且会让人觉得故步自封，而新鲜有趣的信息则会让人们流连忘返。

附

录

参考资料

网络资源

业余观测组织

国际月球和行星观测者协会太阳部

www.alpo-astronomy.org

美国变星观测者协会太阳部

www.aavso.org/observing/programs/solar/

英国天文协会太阳部

www.britastro.org/solar/

比利时太阳观测者协会

www.bso.vvs.be/index_en.php

太阳观测设备的制造商与供应商

DayStar Filters

www.daystarfilters.com

Coronado Filters

www.coronadofilters.com

Lunt Solar Systems

www.luntsolarsystems.com

Lumicon International

www.lumicon.com

Thousand Oaks Optical

www.thousandoaksoptical.com

Baader Planetarium

www.baader-planetarium.com

Kendrick Astro Instruments

www.kendrickastro.com

Alpine Astronomical

www.alpineastro.com

Seymour Solar

www.seymoursolar.com

摄影器材供应商

Procyon Systems

www.procyon-systems.com

Starlight Xpress Ltd.

www.starlight-xpress.com.uk

Adorama Inc.

www.adorama.com

Orion Telescopes

www.oriontelescopes.com

The Imaging Source

www.astronomycameras.com

Diffraction Limited

www.cyanogen.com

Santa Barbara Instrument Group

www.sbig.com

Adirondack Astronomy

www.astrovid.com

Lumenera Corporation

www.lumenera.com

Nikon

www.nikonusa.com

Canon

www.usa.canon.com

参考书目

Digital Astrophotography: The State of the Art, D. Ratledge, Springer-Verlag, 2005

Handbook for the White Light Observation of Solar Phenomena, Richard Hill, ALPO, 1983

How to Observe the Sun Safely, L. Macdonald, Springer-Verlag, 2003

Solar Observing Techniques, C. Kitchin, Springer-Verlag, 2002

专业术语释义

Absorption lines 吸收线

电子在跃迁至更高能级时吸收光子，从而造成的光谱暗线。

Active region 活动区

随时间推移，在光球层上形成太阳黑子、光斑等的区域。

Angstrom 埃

表示光的波长的计量单位，1 埃等于 0.1 纳米或是千万分之一毫米。

Aurora 极光

地球上层大气中的发光气体，源自太阳粒子的激发，并由太阳风带至地球。

Bo

一个用于计算日面坐标的参数。代表日面中心纬度的变化。

Balmer series 巴尔默线系

氢原子中的电子从一个能级跃迁到另一个能级时，在可见光谱中产生的一系列的谱线模式。

Bandpass 带通

滤光片上下截止频率之间的测量值，通常取半高全宽。

Bandwidth 带宽

同"带通"。

Bipolar sunspot 双极太阳黑子

聚集在一起的两个黑子或半影黑子，具有正负磁极，它们最小相距 3 个日面度数。

Bright point 亮点

本影中的一个小点，其亮度大于周围本影及其附近的本影点。

Broadband 宽带

传输宽带通的滤光片术语（如大于等于 100 埃）。

Butterfly diagram 蝴蝶图

描绘太阳黑子出现的纬度与太阳周期之间关系的时间进程图。

Calcium-K 钙–K / Ca-K 线

波长为 393.3 纳米的谱线。

Carrington rotation 卡灵顿自转（序号）

自 1853 年 11 月 9 日以来从地球上看到的太阳自转序号。

Center wavelength（CWL）中心波长

半高全宽中心点处所对应的波长。

Central meridian（CM）中央子午线

从太阳北极到南极之间的假想线。

Chromosphere 色球层

光球层正上方和日冕层下方之间的太阳大气层。

Chromospheric network 色球网络

一个几乎覆盖了整个太阳的网状结构，在 Ca-K 线中显示出明亮的图案，而在 H-alpha 线中显示出深暗的图案。

Coelostat 定天镜 / 定天仪

两块反射镜组成的系统，能将稳定的太阳图像反射至望远镜内。另请参考"定日镜"。

Convection zone 对流层

太阳的一个内层，其中的能量传递通过对流发生。

Core（Sun）太阳核心

太阳内部的中心区域，由氢氦核聚变过程提供能量。

Core（sunspot）太阳黑子核心

磁场强度最大的太阳黑子本影区域。

Corona 日冕层

太阳的最外层大气，在色球层之外。

Coronagraph 日冕仪

一种用于观测太阳日冕的仪器。

Coronal mass ejection（CME）日冕物质抛射

太阳粒子的大爆发。

Differential rotation 较差自转 / 差动旋转

由于天体的液体状性质，在自转时天体不同部位的角速度互不相同的现象。

Diffraction grating 衍射光栅

一种用于散射光线的有细沟槽的基片。

Disparition brusque 突异

日珥（暗条）突然消失的现象。

Dobsonian solar telescope 多布森太阳望远镜

一种独特的牛顿式望远镜，专为白光太阳观测而设计，其发明者是路边天文学家约翰·多布森。

Doppler shift 多普勒频移

由于物体的接近或远离而导致的谱线拉伸或压缩。

Double stack 双层堆叠

一种通过增加第二个校准器来缩小第一个校准器带宽的方法。

Ellerman bomb 埃勒曼炸弹

在太阳黑子周围的 H-alpha 线翼中可以看到的一个小的明亮特征。这些特征呈圆形，直径小于 5 角秒，它们的寿命为几分钟，极少数情况下能到几小时。

Emission lines 发射线

当电子跃迁到较低的能级时，光子发射所产生的光谱亮线。

End-loading 后置式（滤光片）

安装在望远镜出口处的单色窄带滤光片。

Energy rejection filter（ERF）能量抑制滤光片

一种放在望远镜开口处的预滤光片，其目的是吸收或反射紫外 / 红外光，以减少干涉滤光片的热负荷。

Ephemeres 星历表

每年都会发布的表格，该表列出了太阳每天的方位，包括 P、Bo 和 Lo 这三个值。

Eruptive prominence 爆发日珥

从太阳喷发出的活跃日珥。

Etalon 校准器

一种光学滤光片，其工作原理是通过一对平行的平面反射板去反射和透射光线，使光线进行多光束的干涉。

Facula 光斑（复数形式为 faculae）

太阳黑子周围或附近的呈云状斑块或静脉状物质的发光条纹。

Fibril 小纤维

沿着磁场线的一种微小暗结构，有时附着在日面中的日珥上。与几角秒长的日芒类似。

Field angle 视场角

外部光线进入望远镜内部所构成的夹角。举例说明，太阳出现在天空时所呈现的角度大小。

Filament 暗条

在单色光下，日面上看到的日珥。而在白光中，则呈现一种围绕着本影向外辐射的结构，像细而暗的线。

Filar micrometer 动丝测微计

一种通过光学仪器测量角位移的工具。

Filigree 网斑 / 光球细链

穿过太阳表面的微小明亮流管，直径约为 150 千米。

Flash phase 闪相 / 闪耀相

太阳耀斑中所经历的快速增亮期。

Flux tube（磁）流管

悬浮在对流层上的一股或扭结起来的磁场。

Fraunhofer line 夫琅禾费谱线

光谱中可见的一条原子线。

Front-loading 前置式（滤光片）

安装在望远镜入口处的单色窄带滤光片。

Full-width half-maximum（FWHM）半高全宽

在最大传输值一半处所测量的带通宽度，以纳米或埃为单位。

G-band G 波段

耀斑期间，大约在 430 纳米处几条发射谱线所在的波长位置。

Granulation 米粒组织

在太阳整个光球表面所发现的纹理图案。详情见"米粒"。

Granule 米粒

上升气体柱的顶部，起源于太阳对流区的深处。

H-alpha H-α / 氢 – α 线

波长为 656.3 纳米的谱线。

Heliographic coordinates 日面坐标

日面上的经纬度系统。

Helioseismology 日震学

研究源自太阳的低频声波的学科。

Heliostat 定日镜

将太阳图像反射到光学仪器上的单镜或多镜系统。

Helmholtz contraction 亥姆霍兹收缩

由密度和压力所引起的将重力势能转化为热能的过程。

Herschel wedge 赫歇尔光劈

一种窄棱镜，当与适当的附加滤光器结合使用时，能够用于安全地观测白光太阳。

Hossfield pyramid 霍斯菲尔德金字塔

用于白光太阳观测的金字塔形状的投影盒子名称，由美国变星观测者协会太阳部的卡斯珀·霍斯菲尔德设计。

Hydrogen 氢元素

太阳和宇宙中最丰富的元素，由一个质子和一个电子组成。

Infrared（IR）红外光

波长大约在 700 纳米和 1 毫米之间的电磁辐射。

Ion 离子

缺少一个或多个电子的原子。

Inner bright ring 内亮环

位于本影和半影之间的一圈发亮物质，半影纤维看起来像是本影的延伸。

Instrument angle 仪器角

光线汇聚至望远镜焦点的夹角。

Interference filter 干涉滤光片

一种在基片上镀有几层蒸发涂层的光学装置，其光谱的传输特性表现为光的干涉而非吸收的结果。

Intergranular wall 米粒际壁

米粒际壁决定了米粒的形状。

Irregular penumbra 不规则半影

受复杂磁场影响（干扰）而突变的太阳黑子半影。

Isophote contour map 等照度线图

一种很形象的图像，可以表现图中许多的密度水平。

Kelvin 开尔文

一种温度单位，零开尔文为 –273.15 摄氏度，该温度也叫作绝对零度。

Kirchhoff's laws of spectroscopy 光谱学基尔霍夫定律

（1）一个热的、致密的、发光的物体会产生一条没有谱线的连续光谱；（2）通过较冷的透明气体观察连续光谱，会看到称之为吸收线的暗线出现；（3）热的、透明的气体会发出明亮的谱线，称之为发射线。

Lo

用于计算表示太阳中央子午线经度的日面坐标参数，在开始每一次新的太阳自转时，*Lo* 为 0 度。

Light bridge 亮桥

任何比本影更亮的物质，通常它还会分隔本影，甚至会分隔半影。

Limb darkening 临边昏暗

太阳的光强随着接近太阳的边缘而降低。

Lyot filter 李奥滤光片

通过双折射原理产生窄带透射比的单色滤光片。

Magnetic cycle 磁周

在给定半球内，太阳黑子的磁极性恢复

至新太阳周期之前所拥有的极性。周期大约
22 年。

Magnetosphere 磁层

地球周围由其磁场所影响控制的区域。

Magnitude 星等

天体亮度的度量。

McIntosh classification 麦金托什分类法

一种用三位数表示白光黑子的分类方案，
用于耀斑的预测。

Mean daily frequency（MDF）平均日频率

一种太阳活动指数，由一个月内可见的
活跃区数量确定。

Menzel-Evans classification 门泽尔—伊万斯
分类法

日珥的分类系统，该分类法基于日珥在
色球层中是上升还是下降，与临近太阳黑子
之间的关系，以及日珥的总体外观。

Monochromatic 单色光

单种颜色的光线，比如 H-alpha 或 Ca-K 线。

Moreton wave 莫尔顿波

色球层中引人注目的激波，是从一个大
型耀斑辐射出来的。

Morphology 形态学

对太阳变化的外观进行研究的学科。

Mottle 日芒

日面上的针状体。另见"小纤维"。

Nanometer 纳米

纳米是电磁辐射（光）波长的度量单位。
一纳米等于十亿分之一米（1×10^{-9} 米）。

Narrow band 窄带

传输带通小于 100 埃的滤光片术语。

Neutral line（磁）中性线

活动区里磁场极性发生反转的区域。

Normal incidence 正入射

光沿法向或平行方向入射。

Objective filter 物镜滤光片

安装在望远镜入口处的白光太阳滤光片。

Occulting cone 遮掩圆锥

一种圆锥形的抛光金属部件，用于阻挡
日珥望远镜中光球层的光。

Off-axis 离轴 / 偏轴 / 轴外

在太阳观测中，在望远镜光轴一侧放置
一个亚直径大小的物镜滤光片，以避免内部
光学部件（副镜、装配的硬件等）处于入射
光路上。

Outer bright ring 外亮环

围绕在太阳黑子外缘的米粒，且在半影
以外发亮和排列的现象。

Oven 温控箱

一种用于调节干涉滤光片温度的电控装置。

P

日面坐标参数，用于计算表示太阳自转
轴的北极相对于地球自转轴的偏移角度。

Peak transmission 传输峰值

在带宽内能够传输的最大百分比。

Penumbra 半影

太阳黑子中围绕本影的浅灰色外部区域。

Penumbral filaments 半影纤维

围绕太阳黑子本影向外辐射的细暗线结构。

Penumbral grains 半影粒

位于半影纤维之间的明亮区域。

Photon 光子

提供电磁辐射的粒子。

Photosphere 光球层

太阳大气层的最底层。该区域包含太阳
黑子、米粒组织和光斑。

Plage 谱斑

色球层较低处的一个特征，经常以明亮
的云状物质形式围绕太阳黑子。它标志着与
太阳黑子相关的磁场位置。

Plasma 等离子体

与磁场发生剧烈反应的离子和电子的混
合物。

Polar crown 极冠

在太阳纬度较高的地区，几个暗条在东

西方向上连接在一起所形成的一条长长的丝状物质链。

Polar faculae 极区光斑

在太阳黑子带外的高纬度地区形成的光斑。

Pore 微黑子

一种微小的结构，直径为 1~5 角秒，比米粒暗，但比发育良好的太阳黑子本影要亮。

Position angle（PA）位置角

围绕太阳边缘的角度偏移量，以度为单位，定义了日珥或其他特征的位置。最主要的方位为北（N）=0 度，东（E）=90 度，南（S）=180 度，西（W）=270 度。

Prominence 日珥

悬浮在太阳表面上方的气体云。

Proton-proton cycle 质子—质子循环（pp 循环）

等于或小于太阳质量的恒星将氢转化为氦的过程。

Quiescent prominence 宁静日珥

一种活动类型较为平静的日珥，其外观随时间有限度地变化。

Radiative zone 辐射层

太阳的内层，该层内能量通过辐射的方式进行传递。

Relative sunspot number 相对黑子数

太阳活动指数，由太阳表面可见的太阳黑子群数目和单个太阳黑子数目共同确定。

Rudimentary penumbra 部分半影

半影的起始阶段，围绕着新形成的本影，由米粒际物质形成。

Seeing conditions 视宁度

观测者与观测物之间的大气质量。

Sidereal period 恒星周期

从空间中的固定点看去，太阳完成一次自转所需要的时间。

Solar continuum 太阳连续谱

本质上是包含了宽带通可见光的太阳视图。类似于白光图像。

Solar cycle 太阳活动周

大约长 11 年的太阳活动起伏周期。

Solar flare 太阳耀斑

在活动区的磁场中累积能量快速释放的现象。

Solar maximum 太阳极大期

11 年太阳周期中太阳活动的峰值时期。

Solar minimum 太阳极小期

11 年太阳周期中几乎没有太阳活动的时期。

Solar nebula 太阳星云

一团巨大的气体和尘埃，普遍认为太阳和太阳系就是从这里起源的。

Solar projection 太阳投影法

一种观察白光太阳的技术，该技术通过将太阳圆面的放大图像投影到离望远镜目镜有一定距离的白色屏幕上来进行观察。

Solar wind 太阳风

不断从太阳流入太空中的粒子流。

Space weather 空间天气

地球附近空间环境的状况，因为它受到太阳释放的能量与粒子的影响。

Spectrohelioscope 太阳单色光观测镜

合成太阳单色视图的仪器。

Spectroscope 分光镜

一种用于分散光线的仪器。

Spectrum 光谱

电磁能量按波长顺序色散形成的结果，比如彩虹。

Spicule 针状体 / 针状物

一种类似于太阳边缘上微小气体喷流的精细结构。在 H-alpha 线下的太阳圆面上，它看起来很暗，此时被称为日芒或小纤维。

Star 恒星

一种巨大的球形气体，通过核反应在其核心释放能量。

Stonyhurst Disc 斯托尼赫斯盘

一种模板或网格，能显示相对于给定 *Bo* 值的日面经纬度。

Sunspot（太阳）黑子

光球层上的一块暗部区域，产生于该区域内的磁场抑制了对流运动。

Sunspot drift 太阳黑子漂移

由地球自转引起的太阳黑子或太阳黑子群从东向西的移动，正如在固定式望远镜中所见的那样。

Sunspot group（太阳）黑子群

一群太阳黑子。

Sunspot zone 黑子带

太阳赤道两侧约 35 度的区域，太阳黑子形成于此。

Supergranulation 超米粒组织

光球层中大规模的图案模式，有着有组织的元胞结构。每个元胞中包含数百个单独的米粒，每个米粒直径约 30,000 千米。而色球网络覆盖在超米粒组织之上。

Synodic period 会合周期／朔望周期

从地球上直接看到的太阳自转一圈的周期。

Tachocline 差旋层

位于太阳内部的辐射区和对流区之间的区域。

Telecentric lens 远心透镜

一种附加透镜系统，用于从望远镜的会聚光线中产生正入射的光线。

Transparency 透明度

天空条件的一种特征，它描述了大气受水蒸气、尘埃、烟雾和其他大气颗粒物影响的不透明度。

Ultraviolet（UV）紫外光

波长大约在 10 纳米和 400 纳米之间的电磁辐射。

Umbra 本影

太阳黑子中黑暗、较冷的区域。

Umbra dot 本影点

本影中亮度介于本影亮度及其附近亮点之间的小点。

Umbra spot 本影黑子

一种比其他微黑子更大且更暗的微黑子，与典型的太阳黑子本影一样暗。

Unipolar sunspot group 单极黑子群

内部只有单个主导黑子的黑子群，且其他黑子成员都在 3 度范围以内的区域。

Universal Time 世界时

类似于格林尼治标准时间，有着 24 小时的时间刻度。

Visible light 可见光

波长大约在 400 纳米和 700 纳米之间的电磁辐射。

Wave front error 波前畸变

入射光线的畸变或像差，其原因包括较差的大气能见度或光学性能。

Wavelength 波长

电磁辐射（光）束中两个连续波峰之间的距离。

White light 白光

可见光中所有波长的组合结果。

White light flare 白光耀斑

一种太阳耀斑，其强度足以让其光亮超过太阳连续谱，以至于在没有单色滤光片的情况下也能变得可见。

Wien's law 维恩定律

描述了黑体（恒星）主色波长乘以其温度等于特定常数的定律。

Wilson effect 威尔逊效应

有着对称形状的太阳黑子在接近太阳边缘时存在明显凹陷现象。

X-ray X 射线

波长在 0.01 纳米和 10 纳米之间的电磁辐射。

术语译名对照表

AAVSO 美国变星观测者协会

Absolute magnitude 绝对星等

Absorption 吸收

Absorption line 吸收线

Achromatic lens 消色差透镜

Active prominence 活跃日珥

Active region 活动区

Active region photography 活动区摄影

Afocal 无焦点的 / 无限远的

Alignment photograph 校准图像

ALPO solar section 国际月球和行星观测者
协会太阳部

Angstrom 埃

Apochromatic lens 复消色差透镜

Apparent magnitude 视星等

Astigmatism 像散

Atmospheric refraction 大气折射

Aurora 极光

AVI movie 多媒体文件格式视频

British Astronomical Association (BAA) 英国
天文协会

Baader Planetarium 巴德天文馆

Balmer series 巴尔默线系

Bandpass 带通

Barlow lens 巴罗透镜

Bayer Masking 拜尔掩膜

Big bang 宇宙大爆炸

Bipolar sunspot 双极太阳黑子

Birefringent filter 双折射滤光片

Bit-depth 色深（区分色调差异的能力）

Blocking filter 截止滤光片

Bo 确定太阳上某个位置的参数之一

Brewster angle 布鲁斯特角

Bright points 亮点

Broadband 宽带

Butterfly diagram 蝴蝶图

Cable release 快门线

Calcium flocculi 钙谱斑

Calcium-H Ca-H 线

Calcium-K Ca-K 线

Calibrate 校准

Carrington rotation 卡林顿自转

Catadioptric 折反射式望远镜

CCD 电荷耦合器件

Center wavelength (CWL) 中心波长

Central meridian 中央子午线

Channels 通道

Chromatic aberration 色差

Chromosphere 色球层

Chromospheric network 色球网络

Cleaning filters 洁化滤光片

CME 日冕物质抛射

Coelostat 定天镜

Colored filters 颜色滤光片

Colorizing 着色

Coma 彗形像差

Comet 彗星

Continuum 连续谱

Contrast 对比度

Convection 对流

Convection cell 对流胞

Convection zone 对流层

Core 核心

Core sun 太阳核心

Core sunspot 太阳黑子核心

Corona 日冕层

Coronado 科罗纳多

Coronagraph 日冕仪

Coronal rain 冕雨

Crop image 裁剪图像

Daystar Filter Daystar 滤光片公司

Dedicated camera 专用相机

Diffraction grating 衍射光栅

Digicam（参见 Digital camera）数码相机

Digital camera 数码相机

Digital imager 数字成像仪

Direct observation 直接观测

Disparition brusque 突异

Dobsonian solar telescope 多布森太阳望远镜

Doppler shift 多普勒频移

Double stacking 双层堆叠

Drawing（参见 Sketching）手绘

DSLR camera 数码单反相机

Dynamic range 动态范围

Ellerman bombs 埃勒曼炸弹

Emerging flux region 射流区

Emission 发射

End-loaded filter 后置式滤光片

Energy rejection filter（ERF）能量抑制滤
  光片

Ephemeris 星历表

Eruptive prominence 爆发日珥

Eye safety 视觉安全

Etalon 校准器

Exit pupil 出射光瞳

Fabry-Perot 法布里－珀罗干涉仪

Facula 光斑

Fibril 小纤维

Field angle 视场角

Filament 暗条

Filament sunspot 太阳黑子半影纤维

Filar micrometer 动丝测微计

File format 文件格式

Filigree 网斑／光球细链

Film 胶卷

Filter cleaning 滤光片清洁

Flash phase 闪相／闪耀相

Flux tube（磁）流管

Fraunhofer lines 夫琅禾费谱线

Front-loaded filter 前置式滤光片

FWHM 半高全宽

Gamma ray photon 伽马射线光子

G-band G 波段

Glass filter 玻璃滤光片

Granulation 米粒组织

Granule 米粒

Hedgerow 篱笆状日珥

Heliographic coordinates 日面坐标

Helioseismologist 日震学家

Heliostat 定日镜

Helium 氦

Helmholtz contraction 亥姆霍兹收缩

Herschel wedge 赫歇尔光劈

Histogram 直方图

Hossfield pyramid 霍斯菲尔德金字塔

Huygenian 惠更斯目镜

Hydrogen 氢

Hydrogen alpha H-alpha 线

Hydrostatic equilibrium 流体静力平衡

Image motion 像移

Image processing 图像处理

Infrared light 红外线

Inner bright ring 内亮环

Instrument angle 仪器角

Interference filter 干涉滤光片

Interferometer 干涉仪

Intergranular wall 米粒际壁

Ion 离子

Ionization 电离

Iris diaphragm 可变光圈

Isophote map 等照度图

JPEG file 联合图像专家组格式的图像文件

Kelvin 开尔文

Kernels 核

Kirchhoff's laws 基尔霍夫定律

Laborec camera Laborec 相机

Latitude 纬度

Leakage 渗漏

Light bridge 亮桥

Limb darkening 临边昏暗

Line-of-sight 视线方向

Lo 确定太阳上某个位置的参数之一，中央子
午线的经度

Log sheet 日志表

Longitude 经度

Loop prominence 环状日珥

Lyot filter 李奥滤光片

Magnetic cycle 磁周

Magnetic field 磁场

Magnetosphere 磁层

Magnetic polarity 磁极

Maksutov 马克苏托夫

McIntosh classification 麦金托什分类法

MDF 平均日频率

Mees Solar Observatory 密斯太阳天文台

Menzel/Evans classification 门泽尔－伊万斯
分类法

Meridional flow 子午流

Milky Way 银河

Monochromatic 单色

Monochromator 单色器

Monochrome camera 单色相机

Moreton wave 莫尔顿波

Morphology 太阳形态学

Mottle 日芒

Moustaches 胡须

Mylar filter 聚酯薄膜滤光片

Naked-eye sunspot 肉眼可见的太阳黑子

Nanometer 纳米

Narrowband 窄带

Neutral density filters 中性密度滤光片

Neutral line（磁）中性线

Newtonian 牛顿式的

NIH-Image NIH-Image 图像处理软件

Nikon CP990 尼康 CP990 相机

Normal incidence 正入射

Nyquist theorem 奈奎斯特定理

Objective filter 物镜滤光片

Observing program 观测计划

Observing site 观测地点

Occulting disc 遮掩圆面

Off-axis mask 离轴掩膜

Outer bright ring 外亮环

Oven 温控箱

Ozone layer 臭氧层

Peak transmission 传输峰值

Penumbra 半影

Penumbral filament 半影纤维

Penumbral grains 半影粒

Photographic density 光密度

Photographic Newtonian 摄影用的牛顿式望远镜

Photography 摄影

Photo series 照片系列

Photosphere 光球层

Pinholes 针孔

Plage 谱斑

Plasma 等离子体

Polar alignment 极线

Polar facula 极区光斑

Polarizer 起振器

Pore 微黑子

Position angle（PA）位置角

Powermate lens Powermate 品牌的放大透镜

Prime focus 主焦点

P（position angle）确定太阳上某个位置的参数之一，同"位置角"

Projection photography 投影摄影法

Prominence 日珥

Prominence measurements 日珥测量

Proton-proton cycle 质子—质子循环（pp 循环）

Protosun 原太阳

PST 个人太阳望远镜

Quiescent prominence 宁静日珥

Radiative zone 辐射层

Ramsden 冉斯登目镜

Random photography 随机摄影法

Raw 原始格式图像

Refracting telescope 折射式望远镜

Registax Registax 图像采集软件

Relative sunspot number 相对黑子数

Resolution 分辨率

Reticule 准线

Rotate image 旋转图像

Rotation 旋转／自转

Safety 安全

Scattering 散射

Schmidt-Cassegrain 施密特－卡塞格林式望远镜

Scintillation 闪烁

Seeing 视宁度

Selective photography 选择性摄影法

Sharpening image 锐化图像

Shutter speed 快门速度

Sidereal period 恒星周期

Sketching 手绘

Smoked glass 烟色玻璃

SOHO 太阳和太阳圈探测器

Solar cycle 太阳活动周

Solar directions 太阳方位

Solar finder 寻日镜

Solar flare 太阳耀斑

Solar flare classification 太阳耀斑分类

Solar maximum 太阳极大期

Solar minimum 太阳极小期

Solar nebula 太阳星云

Solar projection 太阳投影法

Solar projection screen 太阳投影屏幕

Solar Skreen 一种两层镀铝的光学级杜邦聚酯薄膜品牌名

Solar wind 太阳风

Space weather 空间天气

Spectroheliograph 太阳单色光照相仪

Spectrohelioscope 太阳单色光观测镜

Spectroscope 分光镜

Spherical aberration 球面像差

Spicule 针状体 / 针状物

Spray prominence 日喷 / 喷射日珥

Star 恒星

Statistical programs 统计程序

Stefan-Boltzmann law 斯特藩－玻尔兹曼定律

Stonyhurst Disc 斯托尼赫斯盘

Sub-angstrom 亚埃

Sub-aperture filter 子孔径滤光片

Sun diagonal 太阳棱镜观测镜

Sunscreen lotion 防晒霜

Sun shade 遮阳措施

Sunspot 太阳黑子

Sunspot counting 太阳黑子计数

Sunspot group 太阳黑子群

Supergranulation 超米粒组织

Supplementary filters 附加滤光片

Surge prominence 日浪 / 冲浪日珥

Sweet-spot 甜区频段

Synodic period 会合周期 / 朔望周期

Tachocline 差旋层

Telecentric lens 远心透镜

Ten-degree rule 十度法

Theory of relativity 相对论

Thermal equilibrium 热平衡

TIFF 标记图像文件格式

Tilting filter 倾斜滤光片

Transmission profile 传输曲线

Transition zone 过渡区

Transparency 透明度

Ultraviolet light 紫外线

Umbra 本影

Umbra spot 本影黑子

Umbral dots 本影点

Unipolar sunspot 单极黑子

Velocity 速度

Video imaging 视频成像

Vignetting 渐晕

Wavefront 波前

Webcam 网络摄像头

Welder's glass 电焊工护目镜

White light 白光

White light flare 白光耀斑

Whole disc photo 全日面摄影

Wien's Law 维恩定律

Wilson effect 威尔逊效应

Wing viewing 两翼观测

Wratten filter 雷登滤光片

Young, Charles A. 查尔斯·A.扬

Zurich classification 苏黎世分类法

图书在版编目（CIP）数据

观测太阳 ／（美）杰米·L.詹金斯著；马晓骁译．
上海：上海三联书店，2024.9．——（仰望星空）．
ISBN 978-7-5426-8608-4

Ⅰ.P182

中国国家版本馆 CIP 数据核字第 2024E5M295 号

观测太阳

著　　者 ／	〔美国〕杰米·L.詹金斯
译　　者 ／	马晓骁
责任编辑 ／	王　建　樊　钰
特约编辑 ／	夏家惠　甘　露
装帧设计 ／	字里行间设计工作室
监　　制 ／	姚　军
出版发行 ／	上海三联书店
	（200041）中国上海市静安区威海路755号30楼
联系电话 ／	编辑部：021-22895517
	发行部：021-22895559
印　　刷 ／	三河市中晟雅豪印务有限公司
版　　次 ／	2024 年 9 月第 1 版
印　　次 ／	2024 年 9 月第 1 次印刷
开　　本 ／	960×640　1/16
字　　数 ／	145千字
印　　张 ／	17.75

ISBN 978-7-5426-8608-4/P·15

定　价：39.80元

本书中文简体版权归北京凤凰壹力文化发展有限公司所有，
并授权上海三联书店有限公司出版发行。
未经许可，请勿翻印。

著作权合同登记号　图字：10-2022-204 号